高等学校规划教材

电磁场与微波技术实验教程

主　编　唐成凯　都兴强

副主编　丹泽升　丁嘉伟　张玲玲　华　翔

参　编　王文博　时含章　骆云娜　王　晨

西北工业大学出版社

西安

【内容简介】 "电磁场与电磁波""微波技术与天线"是高等院校电子信息类专业的必修课程,随着电子技术的快速发展以及新工科的需求,针对以往实验课程独立的问题,将电磁场电磁波和微波技术进行了实验合并和重构,将最新电子系统中的电磁场及微波技术引入实验教学。为了提升教学互动,加强学生对电磁场电磁波和微波技术的学习理解,本书对各个实验从目的、原理、实验方案和测试方法进行了详细介绍,实验内容基础、丰富,易于广大学生理解与操作。重组后的实验阶梯度好,结合西北工业大学电子实验教学中心的线上平台,充实了多套仿真实验系统的开发设计,学生在实验课程中完成电磁场电磁波和微波工程基础实验后,在其他时间利用线上电磁工程仿真实验系统对实验原理及其现象进行重现,深化学习效果。同时本书所设计的实验可以拓展多种应用场景,学生也可以通过本平台独立设计实验,并进行验证。

本书作为西北工业大学电子信息类系列实验教材,具有详细的教学引导思路设计和大量的实际案例,适合作为高等学校电子大类实验课程指导用书。

图书在版编目(CIP)数据

电磁场与微波技术实验教程 / 唐成凯,都兴强主编
. —西安 :西北工业大学出版社,2023.6
ISBN 978 - 7 - 5612 - 8740 - 8

Ⅰ. ①电… Ⅱ. ①唐… ②都… Ⅲ. ①电磁场-实验
-高等学校-教材 ②微波技术-实验-高等学校-教材
Ⅳ. ①O441.4 - 33 ②TN015 - 33

中国国家版本馆 CIP 数据核字(2023)第 089685 号

DIANCICHANG YU WEIBO JISHU SHIYAN JIAOCHENG

电 磁 场 与 微 波 技 术 实 验 教 程
唐成凯 都兴强 主编

责任编辑:付高明 杨丽云		策划编辑:杨 军		
责任校对:卢颖慧		装帧设计:李 飞		
出版发行:西北工业大学出版社				
通信地址:西安市友谊西路 127 号		邮编:710072		
电 话:(029)88491757,88493844				
网 址:www.nwpup.com				
印 刷 者:陕西向阳印务有限责任公司				
开 本:787 mm×1 092 mm		1/16		
印 张:6				
字 数:146 千字				
版 次:2023 年 6 月第 1 版		2023 年 6 月第 1 次印刷		
书 号:ISBN 978 - 7 - 5612 - 8740 - 8				
定 价:26.00 元				

前　言

随着卫星导航、雷达预警、移动通信、遥感测控等无线系统的发展,电磁场与微波技术越来越受到人们的广泛关注,培养具有电磁场与微波技术理论基础的实践能力强、创新能力强、具备国际竞争力的高素质人才成为高等学校和国家的迫切需求。

"电磁场与微波技术实验教程"是围绕通信电子类专业的电子科学与技术、信息与通信工程两个一级学科的重要支柱课程——"电磁场与电磁波"和"微波技术与天线"所独立开设的一门重要的实验类基础课程。这类课公式烦琐、工程应用背景强,不但要求学生具有较强理论基础,而且要求学生具备一定的工程实操能力,实验教学的目的就是帮助学生加深对抽象理论知识的理解,培养学生利用"场"的观点分析解决实际问题的实践能力和技术创新能力,为培养从事通信电子类高级工程技术人才打下坚实的基础,提高学生的科研能力及工程实践素质。

全书 14 章,包括 13 个实验,内容依据相关理论课程的进展进行合理安排,教师可根据各自情况选择使用。其中,第 2~9 章为"电磁场与电磁波"课程的相关实验,实验内容主要涉及电磁波的传输特性如反射、干涉和衍射,以及电磁波的极化和偏振特性;第 10~14 章为"微波技术与天线"课程的相关实验,实验内容涉及频率测量、波长和反射系数测量、驻波比测量、阻抗测量以及阻抗匹配。各实验独立成章,包含从实验原理、实验步骤到实验方案和测量方法的全面讲解,并预设相关问题和解决方案。为了保证教学内容的完整性,在教材编写过程中尽可能补充了相关部分的基础理论知识和相关背景,实现实验教学内容的完整性。

随着新工科的全面展开和电子技术的快速发展,本书以最前沿的电磁场、电磁波、微波以及天线传输的案例为引导,全面重构"电磁场与电磁波"以及"微波技术与天线"相关实验课程的内容,贴合新工科下电子大类实验教学的培养目标。

本书面向的读者是高等学校二年级以上电子大类专业及其他相关专业的学生。学生通过本书可以有效学习电磁场和微波天线相关实验的原理、测试手段、验证方法和评价体系,增强对电磁场和微波技术理论的掌握。本书所设计的实验具有完善的实验测试方案和步骤,以电磁场为基础的相关电子类专业研究方向的本科生、研究生及工程人员也可以将本书作为教材和参考书。

本书由西北工业大学唐成凯和都兴强主编,西北工业大学丹泽升、丁嘉伟、张玲玲和华翔为副主编,西北工业大学的王文博、时含章、骆云娜和王晨参编。其中第 1 章由丁嘉伟执笔,第 2 章由都兴强、丹泽升执笔,第 3 章由都兴强、张玲玲执笔,第 4 章由唐成凯、丁嘉伟执笔,第 5 章由唐成凯、华翔执笔,第 6 章由都兴强、王晨执笔,第 7 章由唐成凯、王文博执笔,第 8 章由唐成凯、张玲玲执笔,第 9 章由唐成凯、时含章执笔,第 10 章由唐成凯、骆云娜执笔,第 11 章由都兴强、丹泽升执笔,第 12 章由唐成凯、华翔执笔,第 13 章由唐成凯、张玲玲执笔,第 14 章由都兴强、丁嘉伟执笔。唐成凯、都兴强负责本书例程编写与实验系统构建和修订,并完成全书总纂。

在编写本书的过程中,笔者得到了西北工业大学电子信息学院高永胜、包涛、林华杰、张妍、张云燕、曾丽娜和刘雨鑫等老师的帮助与支持,在此一并表示感谢。

由于本书内容取材丰富,加之水平有限,书中难免存在不足之处,诚恳地希望广大读者批评指正。

编 者
2023 年 2 月

目　　录

第1章 绪 论

电磁场理论的提出和发展,使得电磁场与微波技术在雷达、通信、导航、遥感、医学、空间研究、电子仪器和测量系统等领域的应用不断深入,电磁波频谱分布如图1-1所示。科技的迅猛发展使得电磁场与微波技术在高等院校电子信息类的学科发展和学生培养中的作用日趋重要。

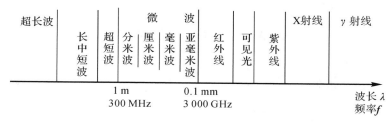

图 1-1 电磁波频谱分布简图

1.1 电磁场发展历程

电磁场与微波技术的发展对社会生产生活的进步产生了深远的影响。1820 年奥斯特发现电流对磁针有力的作用;1822 年安培发现力的方向与电流方向的关系,并定量建立了若干数学公式;1831 年法拉第发现磁场能产生电场;1873 年麦克斯韦预言了电磁波的存在性,且在前人的基础上提出了一套偏微分方程来表达电磁现象的基本规律,称为麦克斯韦方程组;1876 年贝尔发明了有线电话;1887 年赫兹证实了麦克斯韦的预言,自此开始了电磁场的应用时代;1895 年马可尼发明了无线电报;1906 年费森登发明了无线电广播;1923 年兹沃雷金发明了摄像管和显像管;1936 年,瓦特设计的雷达投入使用;1958 年美国斯科尔卫星发射成功;1974 年全球定位系统(Global Positioning System,GPS)初步建成并投入使用;2020 年中国的北斗导航系统全面建成并投入使用。

1.2 微波发展历程

微波技术的发展主要取决于微波器件的应用和发展。早在 20 世纪初,就有研究人员开始了对微波理论的探索,并进行了相关的实验研究。但当时信号发生器功率较小,加之信号接收器灵敏度较差,使得实验未能取得实质性的进展。1936 年,波导技术的进一步发展为微波技术的研究提供了可靠的理论及实验条件。美国电话电报公司的 George C. Southworth 将波导用作宽带传输线并申请了专利,同时,美国麻省理工学院的 M. L. Barrow 完成了空管传输电磁波的实验,这些工作为规则波导奠定了理论基础,推动了微波技术进一步向前发展。20 世纪 40 年代,第二次世界大战期间,雷达的出现和使用引起了人们对微波理论和技术的高度重视,并研制了很多微波器件,在此期间,微波技术迅速发展并在实际应用中得到认可。但在当时战争条件下,各国都忙于实际应用,对微波理论的研究尚为欠缺,使得微波理论滞后于实际应用。1945—1965 年,微波技术的发展速度有了明显提高,同时,其应用范围也更加广泛。在这 20 年间,人们逐步开辟了微波新波段,也形成了射电气象学、射电天文学、微波波谱学等一系列新的科学领域,比较系统和完整地建立了一整套微波电子学理论,为微波技术的进一步发展打下了理论基础。1965 年以后,微波集成电路与微波固体器件的发展和应用时微波设备朝着定型化与小型化的方向发展。目前微波设备正向着更高频段、宽频带、高功率、数字化、高可靠性、小型化等方面发展,单片集成化和毫米、亚毫米波段微波的发展已成为现阶段微波技术研究的重点方向。

1.3　主要应用场景

1.3.1　电磁场的应用

随着社会经济的发展,电子通信技术也在不断地发展,电磁场和电磁波对于电子产品的研发有很重要的作用。在人们的日常生活中,电磁波的应用范围越来越广泛,应用电磁场和电磁波一定程度上推动了电子通信技术的发展。电磁场在科学技术中的应用主要有两类:一类是利用电磁场的变化将其他信号转化为电信号,达到转化信息或自动控制的目的;另一类是利用电磁场对电荷或电流的作用,来控制其运动,使其平衡、加速、偏转或转动,以达到预定的目的。

在雷达和卫星通信中,第二次世界大战爆发后,利用电磁场技术发明的雷达被广泛应用于战场,如图 1-2 所示。

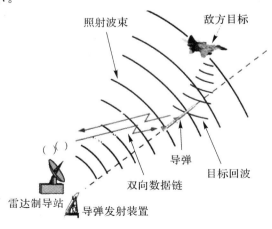

图 1-2　雷达原理示意图

1958 年美国发射了通信卫星,电磁波的技术逐渐完善。1946 年,美洲、非洲以及欧洲三个大洲实现了相互之间的通信。1964 年出现了卫星导航系统,1969 年定点的同步卫星被发送到了大洋的上空。随着通信技术不断地发展,研究工作不断地深入,发现了电磁场和电磁波能够提高卫星的信号强度。实验数据表明:如今建立通信卫星站的形式主要包括地面、海洋、大气等。大多数的居民应用的是同步卫星,在同步卫星的研发过程中,电磁场和电磁波起着十分重要的作用。

在移动通信中,电磁场和电磁波是最重要的组成部分,我国对于移动通信技术的大规模使用是在 20 世纪 80 年代,1987 年建立了模拟的移动电话系统,出现了分频多址技术,经过深入的研究,产生了 2G 和 3G 等技术,随着时间的推移,3G 技术被不断地完善,我国的移动通信技术跨上了新的台阶。3G 技术具有传输效率高、连接便捷、覆盖范围广的优势,满足了不同领域对于通信技术的需求,4G 技术结合了 3G 技术的优势,提高了无线信号的传输能力,传播速度也比之前更快,5G 技术凭借其高速率、低延时、大容量的特点在不久的将来也会被广泛地应用,从而便利人们的生活,如图 1-3 所示。

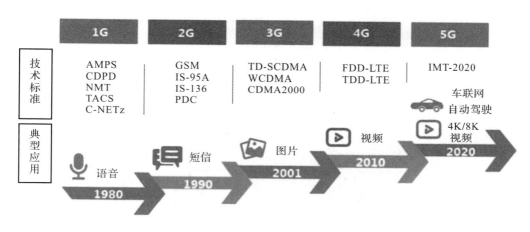

图 1-3　移动通信发展示意图

1.3.2　微波的应用

微波在国防上最重要的应用是雷达。正是雷达的实际需要,推动了微波技术的飞速发展。在各种远程雷达中,在信息论的基础上研究出许多新颖的接收方法;微波技术方面也有很大进展,如发射功率不断提高、天线尺寸继续加大、接收机中采用低噪声量子放大器等。雷达的发展还表现在应用范围不断扩大,在国民经济中,构造简单的雷达投备已用于大地测量和交通运输部门。

微波多路通信的主要形式是中继通信(频率通常在 1 000～10 000 MHz 之间),如图 1-4 所示。散射通信是另一种重要的多路通信方式。在米波(超短波)波段利用电离层散射传播可获得 2 000 km 左右的可靠通信,在厘米波波段利用对流层的散射传播可获得 500 km 以上的可靠通信。

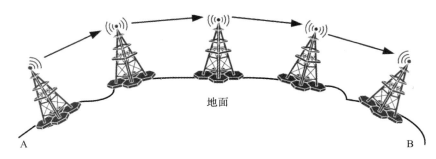

图 1-4 微波中继通信示意图

此外微波用于航空和海运中的导航系统,以及空间通信和跟踪系统。卫星接收到地球上某处发送出的无线电波,然后又将电波重新发送到地球上的另外一处。卫星中继站可以是无源的,即在卫星上只装设反射器,用来收发电波;也可以是有源的,这时卫星上装有接收-发射机,并利用太阳幅射作为能源。人造卫星通信主要用于环绕地球的国际间的通信,如图 1-5 所示。

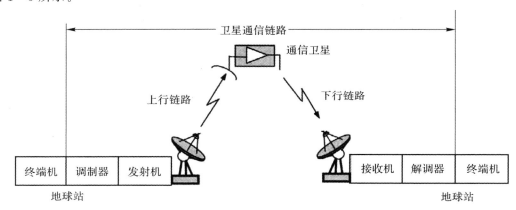

图 1-5 卫星通信示意图

微波在工业、工程和工艺学等方面也有着广泛的应用。微波在工业上的应用主要是基于这个波段电磁波幅射的热效应,如利用"磁控管加热器"可进行精密木制器件的接合。在工艺学上利用微波可测出金属加工表面的粗糙度。

在科学研究中,微波技术也占有很重要的地位。原子能研究中一种重要的器件"加速器"(直线加速器和回旋加速器)就是利用微波技术制出的。又如,在控制热核反应的等离子区测量方面,毫米波技术提供了极为有效的方法。

近代尖端科学技术所需的计算量之大往往是现有计算机所不能胜任的,因而对计算机的运算速度提出了更高的要求。将微波技术用于计算机,提出了在运算电路中应用射频载波技术的思想。射频脉冲重复频率的提高要求更窄的脉冲,但脉冲的相对频带缩小了,行波管就可能解决问题。已有人研究微带式混合环,以用于微波电子计算机;微带中传输的是准横电磁波,其群速最快,差不多等于光速,因而传输时间最少,重复频率较高,同时,它的体积较小。

　　将微波技术用于农业,以促进农业生产,对社会主义国家具有特别重要的意义。微波在农业中主要应用于以下方面:①玉米芯的水解。在微波技术应用于农业领域之前,玉米芯往往只能作为燃料存在,或者会被直接丢弃。玉米芯属于一种可再生资源,具有较为广泛的应用,通过微波技术可以促进玉米芯的水解,从而促进玉米芯的进一步应用。②对农产品进行干燥。由于微波技术可以产生高温,同时这种温度存在于介质内部,因此,只需要控制好微波所产生的具体温度就可以快速实现对农产品的加工。现阶段我国部分企业已经将微波技术应用于辣椒、花椒等农产品干燥与加工当中。③软化木材。随着人们生活条件的不断提升和人们生活水平的不断提升,家具也逐渐呈现出复杂化的特征,微波技术也逐渐被应用于木材软化当中。④食品添加剂制备。

第2章　偏振实验

2.1　实验目的

了解电磁波相关概念的定义;理解电磁波的偏振特性;并验证马吕斯定律。

2.2　基础知识

2.2.1　电磁波的定义

空间存在一个激发时变电磁场的场源时,必定会产生离开波源以一定速度向外传播的电磁波动。这种以有限速度传播的电磁波动称为电磁波。

2.2.2　波阵面

在电磁波传播过程中,任意时刻 t,空间具有相同相位的点构成的等相位面,称为波阵面。球面波如图 2-1 所示,平面波如图 2-2 所示。

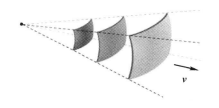
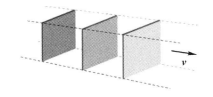

图 2-1　球面波　　　　　　　　　　图 2-2　平面波

2.2.3　平面电磁波

波阵面为平面的电磁波称为平面电磁波,如图 2-3 所示。

平面电磁波是横波,它的电场 E、磁场 H 和波的传播方向垂直,亦称 TEM 波 (Transverse Electromagnetic Wave)。

通过解波动方程可以得到均匀平面波的瞬时表达式为

$$E = E_m \cos(\omega t - kz + \varphi_0)\boldsymbol{a}_y \tag{2-1}$$

式中：E_m 为振幅；ωt 称为时间相位；kz 称为空间相位；φ_0 为初相位；$\boldsymbol{a}_y$ 为单位方向向量。

$$\boldsymbol{E} = E_m \mathrm{e}^{-\mathrm{j}(kz - \varphi_0)} \boldsymbol{a}_y \tag{2-2}$$

式中：电磁波沿 z 轴正向传播，$k = \omega\sqrt{\mu_0\varepsilon_0} = \dfrac{\omega}{c}$ 为相位传播常数；μ_0 为磁导率；ε_0 为介电常数；ω 为角频率；c 为光速。

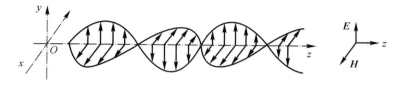

图 2-3　平面电磁波

2.2.4　波的极化

波的极化是指空间某点电场强度 $\boldsymbol{E}$ 的端点随时间变化的轨迹。

线极化波：随着时间的改变，在垂直于传播方向上的固定平面内，电场强度 $\boldsymbol{E}$ 始终在与 y 轴平行的直线上振荡，变化轨迹为一直线，称为线极化波，如图 2-4 所示。

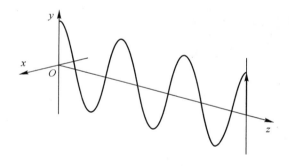

图 2-4　线极化波

电场强度 $\boldsymbol{E}$ 在垂直于传播方向的平面内沿固定的直线变化，在光学中也叫偏振波。

工程上定义，电场方向在与地面垂直的方向振荡的为垂直极化波，电场方向在与地面平行的方向振荡的为水平极化波。

设有两个同频、同方向传播的相互垂直的线极化波：

$$\boldsymbol{E}_x = E_{xm}\cos(\omega t - kz + \varphi_x)\boldsymbol{a}_x \tag{2-3}$$

$$\boldsymbol{E}_y = E_{ym}\cos(\omega t - kz + \varphi_y)\boldsymbol{a}_y \tag{2-4}$$

而 $\varphi_x = \varphi_y = \varphi$，则任意时刻合成电场强度的瞬时值及其与 x 轴的夹角 θ 为

$$E = \sqrt{|E_x|^2 + |E_y|^2} = \sqrt{E_{xm}^2 + E_{ym}^2}\cos(\omega t - kz + \varphi_x) \tag{2-5}$$

$$\theta = \arctan\left(\frac{E_y}{E_x}\right) = \arctan\left(\frac{E_{ym}}{E_{xm}}\right) \tag{2-6}$$

线极化波合成条件如图 2-5 所示，合成场始终在与 x 轴成 θ 角的直线上振荡，构成线型

极化波,如图 2-6 所示。

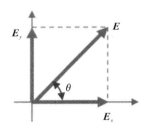 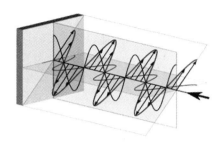

图 2-5 线极化波合成条件　　　　图 2-6 线型极化波

2.3 DH926B 微波分光仪系统介绍

2.3.1 系统组成框图

微波分光仪构成如图 2-7 所示。

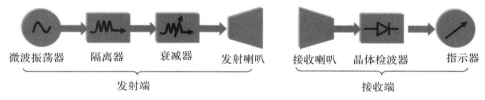

微波振荡器　隔离器　衰减器　发射喇叭　　接收喇叭　晶体检波器　指示器

发射端　　　　　　　　　接收端

图 2-7 微波分光仪构成

2.3.2 仪器设备简介

(1)微波振荡器:结构框图如图 2-8 所示,是微波非线性电路,作用是将 DC 功率转换为 AC 功率。

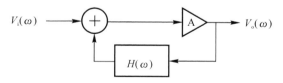

图 2-8 微波振荡器结构框图

输入输出电压关系式可表示为

$$V_o(\omega) = \frac{A}{1 - AH(\omega)} V_i(\omega) \tag{2-7}$$

式中:V_i 为输入电压;V_o 为输出电压;A 为前向支路传递函数;H 为反馈支路传递函数。

若某个特定频率下,分母为零,就可能在输入电压为零时输出电压不为零,形成振荡。本实验中,利用微波二极管和微波谐振腔产生实验用电磁波(9.37 GHz)。

（2）隔离器：保证电磁波正向传输，反向截止。

（3）衰减器：对信号源产生的功率进行一定的衰减。

（4）反射喇叭、接收喇叭：亦称作矩形角锥天线，用来发射和接收电磁波信号。

（5）晶体检波器：用于将调制到载波上的信号进行非相干解调。

（6）指示器：将解调后的信号功率转换成电流以便观察。

2.3.3　矩形角锥天线

矩形角锥天线由矩形波导和矩形角锥喇叭连接而成，如图 2-9 所示。矩形波导内主要传输 TE_{10} 模式的电磁波。矩形波导内场示意图如图 2-10 所示。

矩形角锥天线辐射出电磁波的电场始终在垂直于矩形口径面的宽边方向上振荡。

当宽边平行于地面时，矩形角锥天线辐射垂直极化波；当宽边垂直于地面时，矩形角锥天线辐射水平极化波。

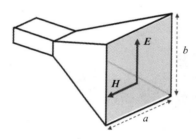 

图 2-9　矩形角锥天线图　　　图 2-10　矩形波导内场示意图

2.4　马吕斯定律

实验中，发射端矩形角锥天线发射的电磁波属于线极化波，极化方向与矩形天线的宽边垂直。接收端矩形角锥喇叭天线也只能接收与宽边垂直的电磁波。如果两天线之间有一个夹角 θ，E_0 为发射场强，则接收端天线接收到的电磁波的电场为

$$E = E_0 \cos^2\theta \qquad (2-8)$$

马吕斯定律描述了偏振光（线极化波）沿某一方向的能量，有关系：

$$I = I_0 \cos^2\theta \qquad (2-9)$$

式中：I_0 为入射光强；θ 为入射偏振光的振动方向与偏振片偏振化方向之间的夹角。

此次实验即用微波分光仪系统来验证马吕斯定律。马吕斯定律图解如图 2-11 所示。

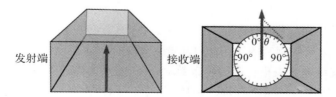

图 2-11　马吕斯定律图解

2.5 偏振实验介绍

2.5.1 实验内容

了解电磁波的偏振特性,验证马吕斯定律。

2.5.2 实验装置安装图

实验装置的布置如图 2-12 所示。

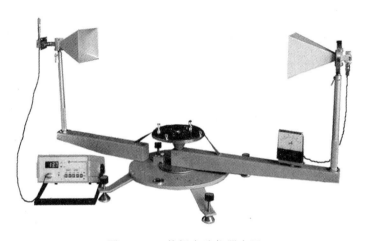

图 2-12 偏振实验仪器布置

2.5.3 实验步骤

1. 仪器的连接、调整

实验仪器布置如图 2-12 所示,两喇叭口面互相平行,并与地面垂直,其轴线在一条直线上,将支座放在工作平台上,并利用平台上的定位销和刻线对正支座(与支座上刻线对齐),拉起平台上四个压紧螺钉旋转一个角度后放下,压紧支座。另外,做实验时为了避免小平台的影响,可以松开平台中心三个十字槽螺钉,把工作台取下。

2. 接电源、调仪表

按照信号源操作规程接通电源,调节衰减器,使微安表的读数指示合适(如 80 μA)。

3. 测量电流,验证马吕斯定律

由于接收喇叭是和一段旋转短波导连在一起的,在旋转短波导轴承环的 90° 范围内,每隔 5° 有一刻度,所以接收喇叭的转角可以从此处读到。给定一电流值,转动接收喇叭,就可以得到转角与微安级电流表头指示的一组数据,并可与马吕斯定律进行比较。

注意:实验装置附近不可有运动的物体,甚至测量者头部的移动也会影响读数,所以实验者应坐在接收器后面读数。做这项实验时应注意系统的调整和周围环境的影响。

2.5.4　实验演示

实验具体演示过程如图 2-13 所示。

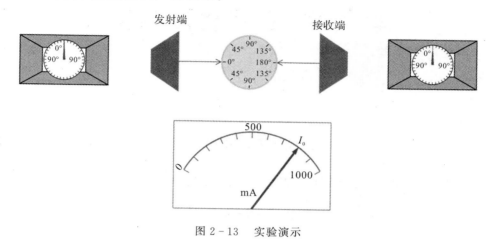

图 2-13　实验演示

2.5.5　实验数据

将实验数据记录在表 2-1 中。

表 2-1　偏振实验数据

θ	$\cos^2\theta$	左边电流 I/mA	$\dfrac{I}{I_0}$	右边电流 I/mA	$\dfrac{I}{I_0}$
0°	1.00				
10°	0.97				
20°	0.88				
30°	0.75				
40°	0.59				
50°	0.41				
60°	0.25				
70°	0.12				
80°	0.03				
90°	0				

第3章 圆极化波实验

3.1 实验目的

了解圆极化波的产生、合成方法;能够判别相关极化特性。

3.2 圆极化波

3.2.1 圆极化波的合成

设有两个同频同方向传播的相互垂直的线极化波为

$$\boldsymbol{E}_x = E_{xm}\cos(\omega t - kz + \varphi_x)\boldsymbol{a}_x \tag{3-1}$$

$$\boldsymbol{E}_y = E_{ym}\cos(\omega t - kz + \varphi_y)\boldsymbol{a}_y \tag{3-2}$$

式中:E_{xm},E_{ym} 为振幅;ωt 为时间相位;kz 为空间相位;φ_x,φ_y 为初相位;$\boldsymbol{a}_x$,$\boldsymbol{a}_y$ 为单位方向向量。

当 $\varphi_x - \varphi_y = \pm\dfrac{\pi}{2}$,$E_{xm} = E_{ym} = E_m$ 时,有

$$E = \sqrt{|\boldsymbol{E}_x|^2 + |\boldsymbol{E}_y|^2} = \sqrt{E_{xm}^2 + E_{ym}^2}\cos(\omega t - kz + \varphi_x) \tag{3-3}$$

任意时刻的合成场为电场强度大小为

$$E = \sqrt{|\boldsymbol{E}_x|^2 + |\boldsymbol{E}_y|^2} = E_m \tag{3-4}$$

合成电场强度矢量与 x 轴之间夹角为

$$\theta = \arctan\left(\frac{E_y}{E_x}\right) = \arctan(\pm\tan(\omega t - kz + \varphi_x)) = \pm(\omega t - kz + \varphi_x) \tag{3-5}$$

合成的电场强度大小不随时间改变,合成电场强度矢量与 x 轴之间的夹角以角速度 ω 随时间变化,合成电场强度矢量端点的运动轨迹为圆,构成圆极化波,如图 3-1 所示。

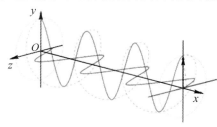

图 3-1 圆极化波示意图

若 E_x 和 E_y 相位超前或滞后的不同,则圆极化波的旋转方向也不同。

3.2.2　右旋圆极化波

若 E_x 相位超前 E_y 相位 $\dfrac{\pi}{2}$,即 $\varphi_x - \varphi_y = \dfrac{\pi}{2}$,$\theta = +(\omega t - kz + \varphi_x)$,振幅为 $E = \sqrt{|E_x|^2 + |E_y|^2} = E_{\mathrm{m}}$,随着 t 增加,θ 值增加,合成电场由 x 轴向 y 轴旋转。其旋转方向与电磁波的传播方向($+z$ 方向)构成右手螺旋关系,称为右旋圆极化波,如图 3-2 所示。

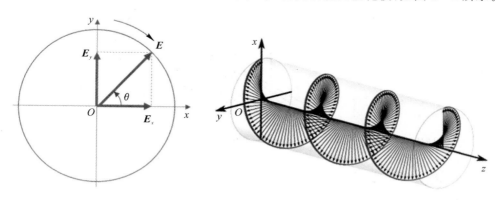

图 3-2　右旋圆极化波示意图

3.2.3　左旋圆极化波

若 E_x 相位滞后 E_y 相位 $\dfrac{\pi}{2}$,即 $\varphi_x - \varphi_y = -\dfrac{\pi}{2}$,$\theta = -(\omega t - kz + \varphi_x)$,振幅为 $E = \sqrt{|E_x|^2 + |E_y|^2} = E_{\mathrm{m}}$,随着 t 增加,θ 值减少,合成电场由 y 轴向 x 轴旋转。其旋转方向与电磁波的传播方向($+z$ 方向)构成左手螺旋关系,称为左旋圆极化波,如图 3-3 所示。

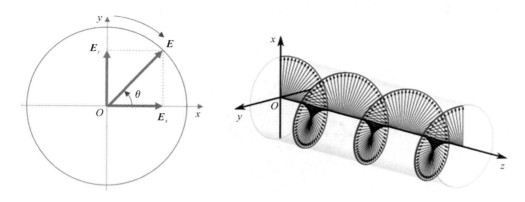

图 3-3　左旋圆极化波示意图

圆极化波形成的条件是:两个线性正交极化波、振幅相等、相位差 $\dfrac{\pi}{2}$。

3.3 圆型角锥天线

3.3.1 圆型角锥天线结构

圆型角锥天线由方圆波导、介质圆波导和圆锥喇叭连接而成,结构如图 3-4 所示。

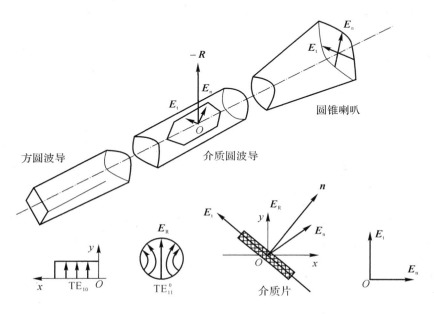

图 3-4 圆型角锥天线结构

3.3.2 圆型角锥天线工作原理

介质圆波导内装有一个长度为 l 的介质片,如图 3-5 所示。

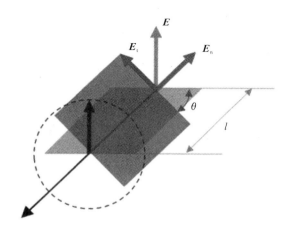

图 3-5 介质片的作用

由方圆波导传输过来的电磁波主要为 TE_{11} 模式的电场。转动介质片使它和电场强度 $\boldsymbol{E}$ 之间有夹角 θ,则电场强度 $\boldsymbol{E}$ 在介质圆波导内部会形成法向分量 $\boldsymbol{E}_n$ 和切向分量 $\boldsymbol{E}_t$。法向分量 $\boldsymbol{E}_n$ 在空气中传输,切向分量 $\boldsymbol{E}_t$ 在介质片内部传输,传播相速不同,$v_c = v_n > v_t = \dfrac{v_c}{\sqrt{\varepsilon}}$;介质片的长度 l 合适时,法向分量 $\boldsymbol{E}_n$ 和切向分量 $\boldsymbol{E}_t$ 从起点传输到位置 l 时,使法向分量 $\boldsymbol{E}_n$ 的相位超前切向分量 $\boldsymbol{E}_t$ 的相位 $90°$,若 $\theta = 90°$,$\boldsymbol{E}_n$ 和 $\boldsymbol{E}_t$ 的振幅相等,实现圆极化。

3.3.3 圆型角锥天线极化特性的判定

左手或者右手的拇指指向圆型角锥天线的辐射方向,其余四指并拢的方向与天线红色刻度指针相对应,天线的极性就是与左手或者右手完全匹配的极性。具体方法步骤如图 3-6 与图 3-7 所示。

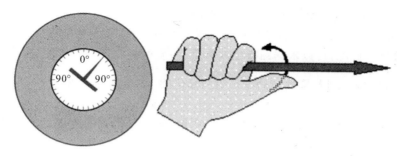

图 3-6 右旋圆极化

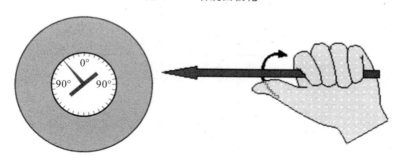

图 3-7 左旋圆极化

3.4 圆极化波实验介绍

3.4.1 实验内容

利用圆型角锥天线产生圆极化波,并判别极化特性。

3.4.2 实验装置安装

实验装置安装同偏振实验,如图 2-12 所示。只需要将发射端矩形角锥天线替换成圆形角锥天线即可。

3.4.3 实验步骤

(1) 将微波分光仪发射端矩形角锥天线换成圆形角锥天线,并使圆锥喇叭的连接方式同原矩形发射喇叭的连接方式。

(2) 调整微波分光仪的接收喇叭口面应与电磁波圆极化天线口面互相正对,即它们各自的轴线应在一条直线上,指示两喇叭位置的指针分别指于工作平台的或 $0° \sim 180°$ 刻度处。

(3) 打开信号源。

(4) 将发射喇叭旋转 $45°$,其内部介质片也随之旋转,内部介质片应与喇叭垂直轴线成 $45°$。此时,理论上实现了圆极化波幅度相等条件的要求。

(5) 查看电表指示,同时,旋转微波分光仪的接收喇叭,如果在接收喇叭旋转到任一角度时,电表指示基本接近,就实现了圆极化波发射。

(6) 如果电表指示差别很大,适当调整发射喇叭的角度,直到接收喇叭旋转到任一角度时电表指示接近。此时,可以根据圆极化波右旋、左旋的特性来判断右旋、左旋圆极化波。

(7) 通过计算轴比判断接收到的是否为圆极化波,要求椭圆度(轴比) ρ 满足: $\rho = \dfrac{E_{min}}{E_{max}} \propto \sqrt{\dfrac{l_{min}}{l_{max}}} \geqslant 0.95$,即当计算所得的结果大于 0.95 时,可认为得到的就是圆极化波。

3.4.4 实验数据

将实验数据记录在表 3-1 中。

表 3-1 圆极化波合成①

角 度	左边电流	右边电流
0°		
10°		
20°		
30°		
40°		
50°		
60°		
70°		
80°		
90°		
椭圆度		
极 性		

第4章 反射实验

4.1 实验目的

了解波的入射的相关定义;理解不同极化方式的电磁波入射时的反射特性。

4.2 波的入射

电磁波在传播中遇到不同媒质的分界面(xOy面),会产生反射和折射现象,如图4-1所示。

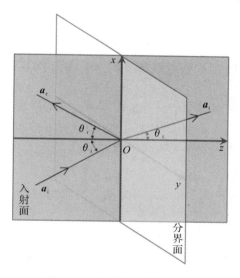

图4-1 电磁波入射示意图

4.2.1 波的入射相关定义

均匀平面波入射方向与分界面法线构成的平面称为入射面。

垂直入射,指电磁波的入射方向与分界面的法线平行的入射。斜入射,指电磁波的入射方向与分界面的法线有一定夹角的入射。

一般情况,入射波电场强度矢量与入射面成任意角度,可将电场强度矢量分解为与入射面平行和垂直的两个分量。电场强度垂直于入射面的波称为垂直极化波,电场强度平行于入射面的波称为平行极化波。

4.2.2 垂直极化波对理想导体表面的斜入射

入射波：

$$\boldsymbol{E}_i = E_{im}\mathrm{e}^{-jkl_i}\boldsymbol{a}_y \tag{4-1}$$

式中：l_i 是入射波沿方向 $\boldsymbol{a}_i$ 的传播距离；k 为相位传播常数；E_{im} 为振幅；$\boldsymbol{a}_y$ 为单位方向向量。

$$l_i = \boldsymbol{l} \cdot \boldsymbol{a}_i = (x\hat{\boldsymbol{x}} + z\hat{\boldsymbol{z}}) \cdot (\sin\theta_i\hat{\boldsymbol{x}} + \cos\theta_i\hat{\boldsymbol{z}}) = x\sin\theta_i + z\cos\theta_i \tag{4-2}$$

式中：$\hat{\boldsymbol{x}}$，$\hat{\boldsymbol{z}}$ 为单位方向向量；θ_i 为入射角。

将 l_i 代入入射波电场表达式(4-1)，得

入射波：

$$\boldsymbol{E}_i(x,z) = E_{im}\mathrm{e}^{-jk(x\sin\theta_i + z\cos\theta_i)}\boldsymbol{a}_y \tag{4-3}$$

反射波：

$$\boldsymbol{E}_r = E_{rm}\mathrm{e}^{-jkl_r}\boldsymbol{a}_y \tag{4-4}$$

式中：l_r 是入射波沿方向 $\boldsymbol{a}_r$ 的传播距离；E_{rm} 为振幅。

$$l_r = \boldsymbol{l} \cdot \boldsymbol{a}_r = x\sin\theta_r - z\cos\theta_r \tag{4-5}$$

将 l_r 代入反射波电场表达式(4-4)，得：

$$\boldsymbol{E}_r(x,z) = E_{rm}\mathrm{e}^{-jk(x\sin\theta_r + z\cos\theta_r)}\boldsymbol{a}_y \tag{4-6}$$

式中，θ_r 为反射角。

导体分界面左平面的电场 $\boldsymbol{E}$ 是入射电场 $\boldsymbol{E}_i$ 和反射电场 $\boldsymbol{E}_r$ 的合成，即

$$\boldsymbol{E} = \boldsymbol{E}_i + \boldsymbol{E}_r \tag{4-7}$$

根据理想导体表面上电场强度切向分量为零的边界条件知，在分界面上，即 $z=0$ 时，有

$$\boldsymbol{E}(x,0) = \boldsymbol{E}_i(x,0) + \boldsymbol{E}_r(x,0) = 0 \tag{4-8}$$

将入射场和反射场的表达式代入式(4-8)，得

$$E_{im}\mathrm{e}^{-jkx\sin\theta_i} + E_{rm}\mathrm{e}^{-jkx\sin\theta_r} = 0 \tag{4-9}$$

式(4-9)是恒等式，只有满足 $\theta_i = \theta_r$，$E_{im} = -E_{rm}$ 时，此式对于任意 x 均成立。

由此可得出，垂直极化波对理想导体表面的斜入射时，反射角和入射角相等，反射波的振幅与入射波振幅数值上相等，方向（相位）相反。垂直极化波斜入射如图 4-2 所示。

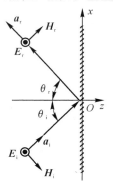

图 4-2　垂直极化波对理想导体表面的斜入射

对于如图 4 - 3 所示水平极化波斜入射到理想导体表面发生反射时,同样会得到相同的结论。

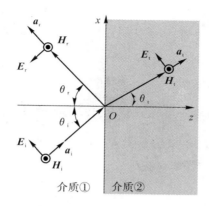

图 4 - 3　水平极化波对均匀平面边界的斜入射

对于如图 4 - 4 所示的圆极化波,由于圆极化波以入射面为参考面可以分解成水平和垂直两个正交线性极化波,因此圆极化波斜入射到理想导体表面时发生反射时,同样可以得到与上述一致的结论,唯一不同之处在于,圆极化波经过反射后,左、右极性发生改变。

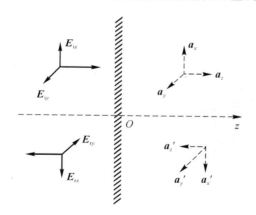

图 4 - 4　圆极化波反射示意图

4.3　反射实验介绍

4.3.1　实验内容

测量垂直极化波、水平极化波和圆极化波对金属平面的斜入射的反射角。

4.3.2　实验装置安装

实验装置安装如图 4 - 5 所示。

图 4 - 5　反射实验装置安装图

4.3.3　实验步骤

(1)调整微波分光仪系统,按照连接图安装设备,两矩形角锥喇叭口面应互相正对,使它们各自的轴线处于同一条直线上,此时两喇叭位置的指针应分别指示于工作平台的 0°和 180°刻度处。实验示意图如图 4 - 6 所示。

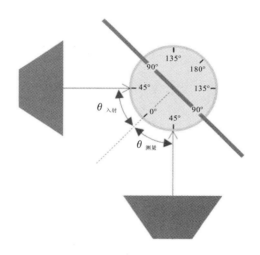

图 4 - 6　反射实验示意图

(2)调整发射端、接收端喇叭同为垂直极化。

(3)将支座放在工作平台上,并利用平台上的定位销和刻线对正支座,拉起平台上四个压紧螺钉旋转一个角度后放下,将支座压紧。

(4)将反射金属板放到支座上时,应使金属板平面与支座下面小圆盘上的"90°—90°"这对刻线一致。这时小平台上的 0°刻度就与金属板的法线方向一致。

(5)转动小平台,将固定臂指针调到 30°～65°角度之间任意一位置,这时固定臂指针所对应刻度盘上指示的刻度就是入射角的读数。

（6）开启 DH1121B 型 3 cm 固态信号源。

（7）转动活动臂,当电流表显示出的最大指示时,固定臂指针所对应刻度盘上指示的刻度就是反射角的读数。如果此时表头指示太大或太小,应调整系统发射端的可变衰减器,使表头指示接近满量程。

（8）连续选取几个入射角进行实验,并在表 4-1 中记录入射角和反射角。

（9）改变发射和接收喇叭为水平极化,重复上述实验,将实验数据填入表 4-2。

（10）用圆型角锥天线替换发射端矩形天线,调整圆型角锥天线为辐射圆极化波的工作状态。接收端天线仍为矩形角锥天线不改变,重复上述实验,将实验数据填入表 4-3。

4.3.4　实验数据

实验数据记录在表 4-1～表 4-3 中。

表 4-1　垂直极化波反射实验数据表

入射角		30°	35°	40°	45°	50°	55°	60°	65°
反射角	左侧								
	右侧								

表 4-2　水平极化波反射实验数据表

入射角		30°	35°	40°	45°	50°	55°	60°	65°
反射角	左侧								
	右侧								

表 4-3　圆极化波反射实验数据表

入射角		30°	35°	40°	45°	50°	55°	60°	65°
反射角	左侧								
	右侧								

第5章 迈克尔逊干涉实验

5.1 实验目的

了解电磁波干涉的传播特性;理解和应用迈克尔逊干涉并学会搭建相应实验设备。

5.2 波的干涉

5.2.1 干涉场的推导

如图5-1所示,自由空间中有2个电磁波E_1,E_2,电场方向相同,传输到S处相遇,在S处的电场强度为两电磁波的叠加。

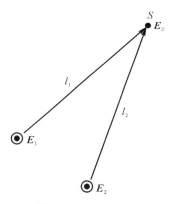

图5-1 波的干涉

电磁波E_1,E_2传输到S处的电场强度可表示为

$$E_{1S}(t) = E_{m1}\cos(\omega_1 t - k_1 l_1)\boldsymbol{a}_y \tag{5-1}$$

$$E_{2S}(t) = E_{m2}\cos(\omega_2 t - k_2 l_2)\boldsymbol{a}_y \tag{5-2}$$

式中:E_{m1},E_{m2}为振幅;ω_1,ω_2为角频率;k_1,k_2为传播常数;l_1,l_2为波程;$\boldsymbol{a}_y$为单位方向向量。
S处的电场为

$$E_S(t) = E_{1S}(t) + E_{2S}(t) \tag{5-3}$$

若电磁波 $\boldsymbol{E}_1$，$\boldsymbol{E}_2$ 的频率相同、振幅相同，即 $\omega_1 = \omega_2 = \omega$，$E_{m1} = E_{m2} = E_m$，则在 S 处的干涉场为

$$
\begin{aligned}
\boldsymbol{E}_S(t) &= E_m \left[\cos(\omega t - k l_1) + \cos(\omega t - k l_2)\right] \boldsymbol{a}_y \\
&= 2E_m \cos\left(\frac{k(l_1 - l_2)}{2}\right) \cos\left(\frac{2\omega t - k(l_1 + l_2)}{2}\right) \boldsymbol{a}_y \\
&= 2E_m \cos\left(\frac{\pi \Delta}{\lambda}\right) \cos\left(\omega t - \frac{\pi(l_1 + l_2)}{\lambda}\right) \boldsymbol{a}_y
\end{aligned}
\tag{5-4}
$$

式中：Δ 为波程差，$\Delta = l_1 - l_2$；λ 为波长。

5.2.2　波的干涉现象

波的干涉如图 5-2 和图 5-3 所示，从干涉场的表达式可以看出，干涉场的振幅 $2E_m \cos\left(\frac{\pi \Delta}{\lambda}\right)$ 的大小与波程差 Δ 密切相关。特别是当 $\frac{\pi \Delta}{\lambda} = (2n+1)\frac{\pi}{2}$ 时，干涉场的振幅始终为零，这个点通常称作波节点。同时可以得到，在波节点处，2 个电磁波 $\boldsymbol{E}_1$，$\boldsymbol{E}_2$ 在空间中传输的波程差 $\Delta = (2n+1)\frac{\lambda}{2}$。

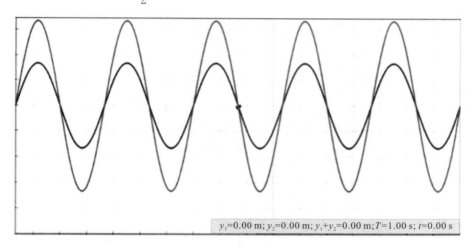

$y_1 = 0.00$ m；$y_2 = 0.00$ m；$y_1 + y_2 = 0.00$ m；$T = 1.00$ s；$t = 0.00$ s

图 5-2　波的干涉演示

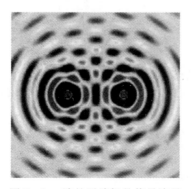

图 5-3　波的干涉场的能量演示

通过上述分析，2个电磁波 E_1，E_2 产生波的干涉的必要条件是：电场的方向相同、频率相同、振幅相同。

5.3　迈克尔逊干涉

迈克尔逊干涉的设备连接如图 5-4 所示，在平面波 E 前进的方向上放置成 $45°$ 的半透射板。由于该板的作用，将入射波分成两束波，一束向 E_1 方向传播，另一束向 E_2 方向传播。由于 E_1，E_2 在传播路线上存在全反射板，两列波经过反射再次回到半透射板并到达接收喇叭处。

接收喇叭收到两束同频率、振动方向一致的两个波，将产生波的干涉现象，改变波程差会出现波节点。

随着可移动金属板的位置改变，E_2 的传播距离发生改变，导致 E_1 和 E_2 之间的波程差改变，使合成场振幅在波节和波腹之间震荡，并且 2 个相邻的波节点之间的距离就是 $\frac{\lambda}{2}$。利用迈克尔逊实验装置可以测量电磁波的工作频率（波长）。

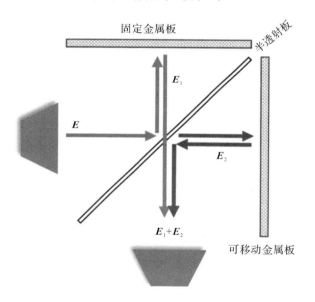

图 5-4　迈克尔逊干涉的设备连接示意图

5.4　迈克尔逊干涉的实验介绍

5.4.1　实验内容

依据迈克尔逊干涉的原理搭建实验设备，利用迈克尔逊干涉实验测量电磁波的工作频率（波长）。

5.4.2   实验装置安装

具体实验装置如图 5-5 所示。

图 5-5   迈克尔逊干涉实验设备安装图

5.4.3   实验步骤

（1）使两喇叭口面互成 90°，半透射板与两喇叭轴线互成 45°。

（2）将读数机构通过它本身带有的两个螺钉旋入底座，使其固定在底座上，再插上反射板，使固定反射板的法线与接收喇叭的轴线一致，可移动反射板的法线与发射喇叭轴线一致。

（3）在进行测量时，将可移动反射板移到读数机构的一端，然后由这端开始缓慢均匀连续移动到另一端。在移动过程中，指示器电流会随着波程差的改变在波节和波腹点振荡。指示器电流的零点即干涉的波节点，在观察到出现波节点时，需要记下可移动反射板在读数机构上的准确位置。可移动反射板在两个相邻的波节点之间移动的距离即半个波长。

5.4.4   中值读数法

由于实验仪器条件限制，不可能直接准确读出波节点的位置，因此在实验中可以采取中值读数法进行数据的读取，尽可能降低实验误差。中值读数法的具体操作如图 5-6 所示。

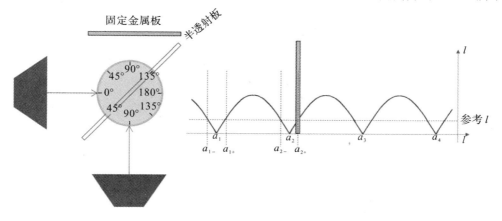

图 5-6   中值读数法测量波节点示意图

其中 $a_i = \dfrac{a_{i-} + a_{i+}}{2}$，根据迈克尔逊干涉原理可以得到 $\dfrac{\lambda}{2} = a_{i+1} - a_i$。为了进一步减少误差，可以测量出多组数据，然后利用逐差法计算波长，即 $\lambda = \dfrac{(a_3 - a_1) + (a_4 - a_2)}{2}$。

5.4.5 实验数据

将实验数据记录在表 5－1 中。

表 5－1 实验数据

波节点	a_1		a_2		a_3		a_4	
	－	＋	－	＋	－	＋	－	＋
读数/mm								
$a_i = \dfrac{a_{i-} + a_{i+}}{2}$								
波长（逐差法）								

第6章 单缝衍射实验

6.1 实验目的

了解电磁波衍射的传播特性;理解单缝衍射场概念;学会计算单缝衍射场强大小。

6.2 电磁波的衍射

当电磁波在传播过程中遇到障碍物或者透过屏幕上的小孔时,会导致偏离原来入射方向的出射电磁波,这种现象称为衍射。衍射现象的研究对于光学和无线电波的传播都是很重要的。衍射理论的一般问题就是要计算通过障碍物或小孔后的电磁波角分布,即求出衍射图样。

6.2.1 惠更斯-菲涅耳原理

在光学中处理衍射问题的理论基础是惠更斯-菲涅耳原理。惠更斯-菲涅耳原理假设光波等相位面上每一点可以看作次级光源,它们发射出子波,这些子波叠加后得到向前传播的光波,如图 6-1 所示。

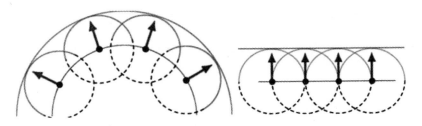

图 6-1 惠更斯-菲涅耳原理解释球面波和平面波的传输

6.2.2 夫琅和费衍射(单缝衍射)

当一束平面波垂直入射到一宽度和波长可比拟的狭缝时,在缝隙的后面发生衍射的现象。依据惠更斯-菲涅耳原理,缝隙后的衍射场,是由缝隙宽度为 a 的等相位面上的各个点源向前传输过程中共同叠加形成的。

如图 6-2 所示,在缝隙后面出现的衍射波强度并不是均匀的,中央最强,同时也最宽。在中央的两侧衍射波强度迅速减小,直至出现衍射波强度的最小值,即一级极小,此时衍射角为 $\theta = \arcsin\dfrac{\lambda}{a}$,其中 λ 是波长,a 是狭缝宽度,两者取同一长度单位。随着衍射角增大,衍射波强度逐渐增大,直至出现一级极大值,角度为 $\theta = \arcsin\dfrac{3\lambda}{2a}$。根据 a 和 λ 的数值比例,可以出现多个极大值和极小值。

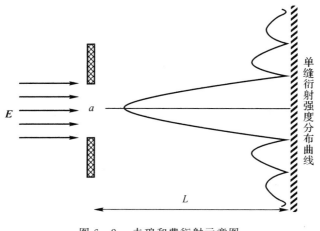

图 6-2   夫琅和费衍射示意图

6.2.3   单缝衍射场

平面波垂直入射到一个狭缝表面时,根据惠更斯原理,在缝隙背后的观测点 P 接收到的电场是在缝隙上无数个小的点源的叠加场。

如图 6-3 所示,观测点 P 和单缝板法线之间的夹角为 θ,在宽度为 a 的缝隙上划分出 N 个点源,相邻 2 个点源之间的距离为 $\Delta y = \dfrac{a}{N}$,每个点源的振幅 $E_m = \dfrac{E_0}{N}$。可以看出,在缝隙上相邻的两个点源到达 P 点的波程差为 $\Delta y \sin\theta$,则相邻两个点源到达 P 点相位差为

$$\Delta\varphi = k\Delta y \sin\theta = \frac{2\pi}{\lambda}\Delta y \sin\theta \qquad (6-1)$$

式中:k 为传播常数;λ 为波长。

设第 1 个点源的到达 P 点的场为 $E_1 = E_m$,接下来第 $2,3,\cdots,N$ 个点源到达 P 点的电场分别为

$$E_2 = E_m e^{j\Delta\varphi}$$
$$E_3 = E_m e^{j2\Delta\varphi}$$
$$\vdots$$
$$E_N = E_m e^{j(N-1)\Delta\varphi} \qquad (6-2)$$

式中:$\Delta\varphi$ 为相位差。

P 点的电场为 N 个点源场的叠加，即

$$
\begin{aligned}
E_P &= \sum_{n=1}^{N} E_n = E_{\mathrm{m}}(1 + \mathrm{e}^{\mathrm{j}\Delta\varphi} + \cdots + \mathrm{e}^{\mathrm{j}(N-1)\Delta\varphi}) \\
&= E_{\mathrm{m}}\left(\frac{1 - \mathrm{e}^{\mathrm{j}N\Delta\varphi}}{1 - \mathrm{e}^{\mathrm{j}\Delta\varphi}}\right) \\
&= E_{\mathrm{m}}\left[\frac{-\mathrm{e}^{\mathrm{j}\frac{N\Delta\varphi}{2}}(\mathrm{e}^{\mathrm{j}\frac{N\Delta\varphi}{2}} - \mathrm{e}^{-\mathrm{j}\frac{N\Delta\varphi}{2}})}{-\mathrm{e}^{\mathrm{j}\frac{\Delta\varphi}{2}}(\mathrm{e}^{\mathrm{j}\frac{\Delta\varphi}{2}} - \mathrm{e}^{-\mathrm{j}\frac{\Delta\varphi}{2}})}\right]
\end{aligned}
\tag{6-3}
$$

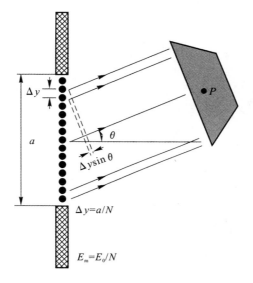

图 6 - 3　单缝衍射场分析示意图

E_0 — 入射场的振幅；　E_{m} — 点源的振幅

为了方便表示，记相位 $\varphi = N\Delta\varphi = ka\sin\theta$，则衍射场 E_P 可表示为

$$
E_P = E_{\mathrm{m}} \cdot \mathrm{e}^{\mathrm{j}(N-1)\frac{\Delta\varphi}{2}} \cdot \frac{\sin\dfrac{\varphi}{2}}{\sin\dfrac{\Delta\varphi}{2}} = \frac{E_0}{N} \cdot \mathrm{e}^{\mathrm{j}(N-1)\frac{\Delta\varphi}{2}} \cdot \frac{\sin\dfrac{\varphi}{2}}{\sin\dfrac{\Delta\varphi}{2}}
\tag{6-4}
$$

6.2.4　单缝衍射场强度

由于衍射场的强度同衍射场的振幅的二次方成正比，因此对衍射场 E_P 两端取模的二次方，得到

$$
|E_P|^2 = \frac{E_0^2}{N^2}\left(\frac{\sin\dfrac{\varphi}{2}}{\sin\dfrac{\Delta\varphi}{2}}\right)^2
\tag{6-5}
$$

实验中由检波二极管检测到的电流 I_P 的大小正比于衍射场的强度 $|E_P|^2$，即 $I_P \propto E_P^2$，由此可得出

$$I_P = \frac{I_0}{N^2} \left(\frac{\sin \dfrac{\varphi}{2}}{\sin \dfrac{\Delta\varphi}{2}} \right)^2 \tag{6-6}$$

式中:$I_0 \propto E_0^2$,I_0 为中央强度最大值。

相位差 $\Delta\varphi = k\Delta y \sin\theta = k\dfrac{a}{N}\sin\theta$,当 $N \to \infty$,$\Delta\varphi \to 0$。由数学上等价无穷小的理论可以得出当 $N \to \infty$,$\sin\dfrac{\Delta\varphi}{2} \approx \dfrac{\Delta\varphi}{2}$,则衍射强度 I_P 可以表示成

$$I_P = I_0 \left(\frac{\sin \dfrac{\varphi}{2}}{N\dfrac{\Delta\varphi}{2}} \right)^2 \tag{6-7}$$

由前面的分析知道:$\varphi = N\Delta\varphi = ka\sin\theta = \dfrac{2\pi}{\lambda}a\sin\theta$,代入 I_P 表达式,最终得到衍射场的强度为

$$I_P = I_0 \left(\frac{\sin \dfrac{\varphi}{2}}{\dfrac{\varphi}{2}} \right)^2 = I_0 \left(\frac{\sin \dfrac{\pi a \sin\theta}{\lambda}}{\dfrac{\pi a \sin\theta}{\lambda}} \right)^2 \tag{6-8}$$

由式(6-8)可知,当 $\sin\dfrac{\pi a \sin\theta}{\lambda} = 0$ 时,衍射场强度可得到最小值,此时有

$$\frac{\pi a \sin\theta}{\lambda} = m\pi, \quad m = 0, \pm 1, \pm 2, \cdots \tag{6-9}$$

从上述推导可以得出,当 $\theta = \arcsin\dfrac{m\lambda}{a}$ 时,会出现衍射强度为零的极小值衍射角。如图 6-4 所示为缝隙宽度不同时,单缝衍射场强度的分布曲线。

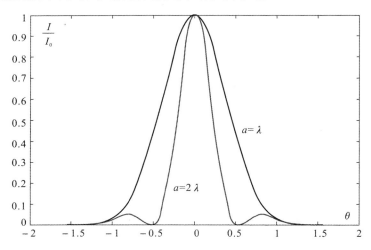

图 6-4　缝隙宽度不同时,单缝衍射场强度的分布曲线

如图 6 - 5、图 6 - 6 所示为不同缝宽情况下的衍射图案示意。

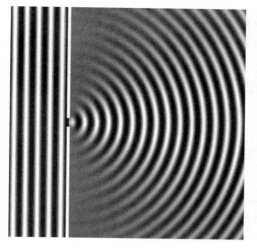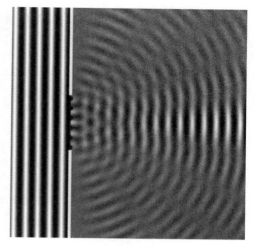

图 6 - 5　缝宽等于波长　　　　　　　　　图 6 - 6　缝宽为多倍波长

6.3　单缝衍射实验介绍

6.3.1　实验内容

测量并绘制缝宽为 70 mm 时单缝衍射强度分布曲线。

6.3.2　实验装置安装

本实验的设备安装如图 6 - 7 所示。

图 6 - 7　单缝衍射实验设备安装图

6.3.3 实验步骤

(1)调整微波分光仪系统并安装实验仪器；调节单缝板使缝宽为 70 mm，如图 6-8 所示。

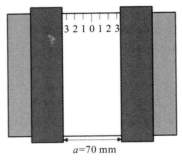

图 6-8　单缝衍射板宽度设置

(2)将衍射板放到支座上，应使衍射板平面与支座下面小圆盘上的刻线一致。将小圆盘放置到转动平台上，使刻线与 90°对齐。此时衍射板垂直于电磁波传播方向，如图 6-9 所示。

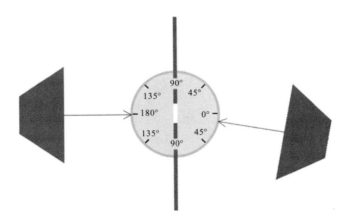

图 6-9　单缝衍射实验俯视图

(3)按照信号源操作规则接通电源，调节衰减器，使信号电平读数在满刻度的 90% 左右。

(4)从衍射角 0°开始，先选择一边使衍射角每改变 1°，读取一次表头读数，并记录下来，直到 71°为止；然后换到另一边，采取同样方法记录数据。

最后，根据测量数据绘制衍射强度分布曲线。

6.3.4 实验数据

实验数据记录在表 6-1 中。

表 6 - 1　实验数据

角度 θ	电流 I（左）	电流 I（右）	角度 θ	电流 I（左）	电流 I（右）	角度 θ	电流 I（左）	电流 I（右）	角度 θ	电流 I（左）	电流 I（右）	角度 θ	电流 I（左）	电流 I（右）
0°			15°			30°			45°			60°	.	
1°			16°			31°			46°			61°		
2°			17°			32°			47°			62°		
3°			18°			33°			48°			63°		
4°			19°			34°			49°			64°		
5°			20°			35°			50°			65°		
6°			21°			36°			51°			66°		
7°			22°			37°			52°			67°		
8°			23°			38°			53°			68°		
9°			24°			39°			54°			69°		
10°			25°			40°			55°			70°		
11°			26°			41°			56°			71°		
12°			27°			42°			57°					
13°			28°			43°			58°					
14°			29°			44°			59°					

第7章 双缝干涉实验

7.1 实验目的

了解杨氏双缝干涉的相关理论;掌握双缝干涉场强分布曲线的绘制。

7.2 杨氏双缝干涉

通常,双缝干涉实验中的 2 个缝隙较宽,单独 1 个缝隙会形成单缝衍射场,双缝板背后的场实际上是由单独 2 个缝隙的衍射场相互干涉形成的。为了更好地理解双缝干涉,首先考虑杨氏双缝干涉的理论入手。

如图 7-1 所示,平面电磁波垂直入射到有 2 个缝隙的金属板表面,由于缝隙十分小,可以将这 2 个缝隙看作 2 个点源,缝隙背面观测到的场是 2 个点源干涉共同形成的。

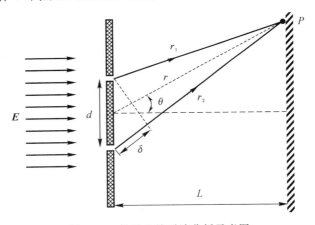

图 7-1 杨氏双缝干涉分析示意图

7.2.1 杨氏双缝干涉场

如图 7-1 所示,在 P 点观测的场是由相距为 d 的两个窄缝干涉的结果。P 点距离缝隙中心的距离为 r,P 点和双缝板法线之间的夹角为 θ,2 个缝隙距离 P 的距离分别为 r_1 和 r_2。由余弦定理,可以得到

$$r_1^2 = r^2 + \left(\frac{d}{2}\right)^2 - dr\cos\left(\frac{\pi}{2} - \theta\right) = r^2 + \left(\frac{d}{2}\right)^2 - dr\sin\theta \qquad (7-1)$$

$$r_2^2 = r^2 + \left(\frac{d}{2}\right)^2 - dr\cos\left(\frac{\pi}{2} + \theta\right) = r^2 + \left(\frac{d}{2}\right)^2 + dr\sin\theta \qquad (7-2)$$

式(7-2)与式(7-1)相减,得到

$$r_2^2 - r_1^2 = (r_2 + r_1)(r_2 - r_1) = 2dr\sin\theta \qquad (7-3)$$

观测点 P 距离双缝板的距离为 L,通常 $L \gg d$,这时可以从工程上近似,得出

$$r_2 + r_1 \approx 2r \qquad (7-4)$$

比较式(7-3)和式(7-4),可以得出 2 个点源到达 P 点的波程差:$\delta = r_2 - r_1 \approx d\sin\theta$。

因此 2 个点源到达 P 点的相位差为 $\varphi = kd\sin\theta = \dfrac{2\pi}{\lambda}d\sin\theta$,其中,$k$ 为传播常数,λ 为波长。

若点源 1 到达 P 点的电场表示为 $E_1 = E_0$,则点源 2 到达 P 点的电场 $E_2 = E_0 \mathrm{e}^{\mathrm{j}\varphi}$。观测点 P 的场为 2 个点源在此处的叠加,杨氏双缝的干涉场为

$$E_P = E_1 + E_2 = E_0(1 + \mathrm{e}^{\mathrm{j}\varphi}) = E_0 \mathrm{e}^{\mathrm{j}\frac{\varphi}{2}}(\mathrm{e}^{-\mathrm{j}\frac{\varphi}{2}} + \mathrm{e}^{\mathrm{j}\frac{\varphi}{2}}) = E_0 \mathrm{e}^{\mathrm{j}\frac{\varphi}{2}} \times 2\cos\frac{\varphi}{2} \qquad (7-5)$$

7.2.2　杨氏双缝干涉场的强度

杨氏干涉场的强度与干涉场的振幅的二次方成正比,其分布曲线如图7-2所示。同时,实验中由检波二极管检测到的电流 I_P 的大小正比于干涉场的强度 $|E_P|^2$,即 $I_P \propto E_P^2$,由此可得到杨氏双缝干涉场的强度表达式为

$$I_P = 4E_0^2\cos^2\frac{\varphi}{2} \qquad (7-6)$$

用电流最大值 $I_{\max}$ 进行归一化后,得到

$$\frac{I_P}{I_{\max}} = \cos^2\frac{\varphi}{2} = \cos^2\left(\frac{\pi d\sin\theta}{\lambda}\right) \qquad (7-7)$$

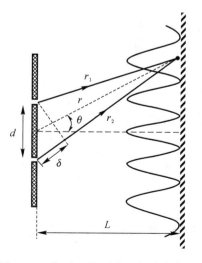

图 7-2　杨氏双缝干涉强度分布曲线

如图7-3所示绘制了杨氏双缝干涉缝间距 $d = 90$ mm，$\lambda = 32$ mm 时的干涉强度分布曲线。

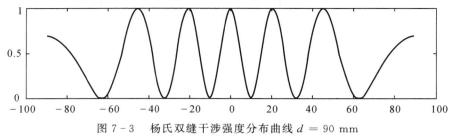

图 7 - 3　杨氏双缝干涉强度分布曲线 $d = 90$ mm

7.3　双缝干涉

如图7-4所示，对于2个缝隙宽度为 a，缝间距为 d 的双缝板，观测到的双缝干涉的场是衍射和干涉两者结合的结果。

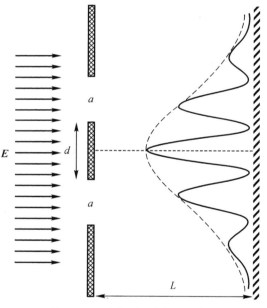

图 7 - 4　双缝干涉分析示意图

此时的干涉强度为单缝衍射强度和双缝干涉强度的乘积，即

$$\frac{I}{I_0} = \cos^2\left(\frac{\pi d \sin\theta}{\lambda}\right)\left(\frac{\sin\frac{\pi a \sin\theta}{\lambda}}{\frac{\pi a \sin\theta}{\lambda}}\right)^2 \qquad (7-8)$$

式中：I_0 为中夹强度最大值。

表达式中的前一部分是杨氏双缝干涉场的强度，称为干涉因子；后一部分是单缝衍射场的强度，称为衍射因子。其中，干涉因子决定双缝干涉的图案，衍射因子形成图案的包络，如图 7-4 所示。

7.4　双缝干涉实验介绍

7.4.1　实验内容

测量并绘制缝宽为 40 mm 和缝间距为 90 mm 的双缝干涉强度分布曲线。

7.4.2　实验装置安装

实验设备安装同单缝干涉实验,如图 6 - 7 所示,只需要将单缝板替换成双缝板即可。

7.4.3　实验步骤

(1)调整微波分光仪系统并安装实验仪器;调节双缝板使 2 个缝的宽都为 40 mm,缝间距为 90 mm,如图 7 - 5 所示。

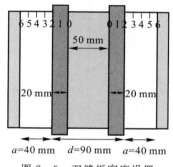

图 7 - 5　双缝板宽度设置

(2)将双缝板放到支座上,应使双缝板平面与支座下面小圆盘上的刻线一致。将小圆盘放置到转动平台上,使刻线与 90°对齐。此时衍射板垂直于电磁波传播方向,如图 7 - 6 所示。

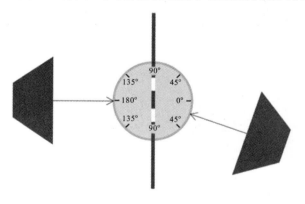

图 7 - 6　双缝干涉实验俯视图

(3)按照信号源操作规则接通电源,调节衰减器,使信号电平读数在满刻度的 90% 左右。

（4）从衍射角 0°开始，先选择一边使衍射角每改变 1°，读取一次表头读数，并记录下来，直到 51°为止；然后换到另一边，采取同样方法记录数据。

最后，根据测量数据绘制干涉强度分布曲线。

7.4.4 实验数据

实验数据记录在表 7－1 中。

表 7－1 实验数据

角度 θ	电流 I（左）	电流 I（右）	角度 θ	电流 I（左）	电流 I（右）	角度 θ	电流 I（左）	电流 I（右）	角度 θ	电流 I（左）	电流 I（右）
0°			13°			26°			39°		
1°			14°			27°			40°		
2°			15°			28°			41°		
3°			16°			29°			42°		
4°			17°			30°			43°		
5°			18°			31°			44°		
6°			19°			32°			45°		
7°			20°			33°			46°		
8°			21°			34°			47°		
9°			22°			35°			48°		
10°			23°			36°			49°		
11°			24°			37°			50°		
12°			25°			38°			51°		

第 8 章 布拉格衍射实验

8.1 实验目的

了解电磁波衍射的传播特性;掌握密勒指数的概念,以及衍射强度曲线的绘制。

8.2 晶 体

8.2.1 晶体结构

固体物质可分成晶体和非晶体两类。晶体是指物质组成的微粒(原子、分子或离子)有规则地周期性排列,如图 8-1 所示。构成晶体的每一个原子、分子或离子称作晶体的结点。每个结点沿 3 个方向到下一个结点的距离称为周期长度。

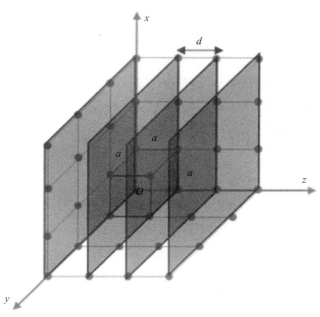

图 8-1 晶体结构即晶面示意图

立方晶体是指 3 个方向周期长度 a 全部相等的晶体,如图 8-1 所示立方晶体。

为了更好地研究晶体,通常会给晶体划分出晶面。晶面是指通过任一结点,可以作出一组平行平面,所有的结点都在一组平行的平面上。如图 8-2 所示,对于一个晶体可有好多个晶面划分方法。

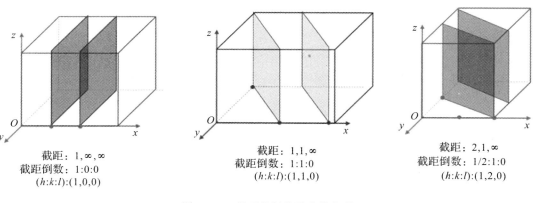

截距:$1,\infty,\infty$
截距倒数:$1:0:0$
$(h:k:l):(1,0,0)$

截距:$1,1,\infty$
截距倒数:$1:1:0$
$(h:k:l):(1,1,0)$

截距:$2,1,\infty$
截距倒数:$1/2:1:0$
$(h:k:l):(1,2,0)$

图 8-2　晶面的划分及密勒指数

两个相邻平行平面之间的距离称为晶格。从图 8-2 中可以看出,因为相邻平面之间的距离相等,所以也称为晶体的晶格常数 d。

8.2.2　密勒指数

为了区分晶体中无限多族的平行晶面的方位,人们采用密勒指数标记法。先找出晶面在 xyz 直角坐标系 3 个坐标轴上以结点常量为单位的截距值,再取 3 个截距值的倒数比化为最小整数比 $(h:k:l)$,这个晶面的密勒指数就是 $(h:k:l)$。当然与该面平行的平面密勒指数也是 $(h:k:l)$,参照图 8-2,晶面密勒指数的划分。

利用密勒指数可以很方便地求出一族平行晶面的间距。

如图 8-3 所示,对于立方晶体划分了不同的晶面,可以看出每种晶面的密勒指数 $(h:k:l)$ 和晶格常数 d 有如下关系:

对于 100 晶面:

$$d_{100}=a=\frac{a}{\sqrt{1^2+0^2+0^2}} \tag{8-1}$$

对于 110 晶面:

$$d_{110}=\frac{a}{\sqrt{2}}=\frac{a}{\sqrt{1^2+1^2+0^2}} \tag{8-2}$$

对于 120 晶面:

$$d_{120}=\frac{a}{\sqrt{5}}=\frac{a}{\sqrt{1^2+2^2+0^2}} \tag{8-3}$$

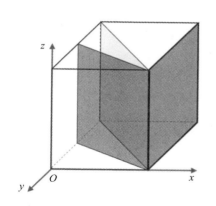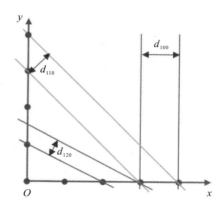

图 8 - 3　立方晶体晶格常数与密勒指数的关系

更一般的情况,对于立方晶体,密勒指数为 $(h:k:l)$ 的晶面族,其面间距 d_{hkl} 的计算公式为

$$d_{hkl} = \frac{a}{\sqrt{h^2+k^2+l^2}} \tag{8-4}$$

8.3　布拉格衍射

由于晶格常数 d 的数量级是 10^{-10} mm,与 X 射线的波长数量级相当。当用 X 光照射晶体时,会发生衍射现象,称作布拉格衍射。布拉格衍射可以用 X 射线在晶体内原子平面族的反射来解释。

如图 8-4 所示,有一平行的 X 射线束以掠射角 θ 入射于晶体,晶体的某平面族会产生对 X 射线反射,在接收端会观测到衍射现象。晶面对 X 射线反射可以分成两种情况讨论。

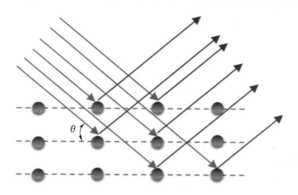

图 8 - 4　晶体对 X 射线的衍射示意图

8.3.1　同一个晶面的反射

同一个晶面对 X 射线的反射,如图 8-5 所示。

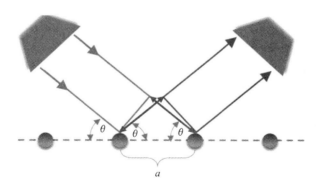

图 8-5 同一个晶面对 X 射线的反射

X 射线以掠射角 θ 入射到晶面。掠射角指的是 X 射线的传播方向与晶面之间的夹角。在接收端接相同的反射角方向收到的是反射场的叠加,从图中可知,从发送端开始,到接收端结束,X 射线在空间中传播的波程差 $\Delta = 0$。此刻在接收端观察不到明显指示变化。对于实验观测没有任何帮助。

8.3.2 不同晶面的反射

不同晶面对 X 射线的反射,如图 8-6 所示。

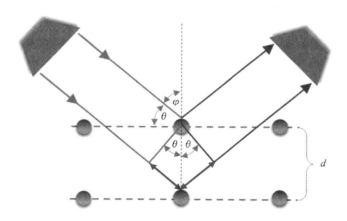

图 8-6 不同晶面对 X 射线的反射

X 射线以掠射角 θ 入射到晶面。在接收端接相同的反射角方向收到的是反射场的叠加,从图中可知,从发送端开始,到接收端结束,X 射线在空间中传播的波程差 $\Delta = 2d\sin\theta$。

在实验测量过程中,随着掠射角 θ 的改变,波程差 Δ 也随之改变,当满足 $2d\sin\theta = k\lambda$,接收端电磁波发生干涉加强现象,电场强度同相,得到加强,接收端可非常明显地观测到干涉加强的现象,这个角度 θ。称为布拉格衍射角,通过实验可以测量出来。

实验测量过程中,常用入射角来表示,入射角指的是 X 射线的传播方向与晶面法线之间的夹角 φ。用入射角可表示为 $2d\cos\varphi = k\lambda$。

　　在实验测量过程中,用 X 射线对处于特定方位的晶体进行分析时,随着掠射角 θ 的改变,接收端可得到一个关于 θ–I 的反射光强度的分布。布拉格衍射强度曲线的峰值一定满足 $2d\cos\varphi = k\lambda$ 。

8.4　布拉格衍射实验介绍

8.4.1　实验内容

　　测量并绘制(100)晶面和(110)晶面的布拉格衍射强度分布曲线,并确定布拉格衍射角。

8.4.2　实验装置安装

　　本实验装置的安装如图 8–7 所示。

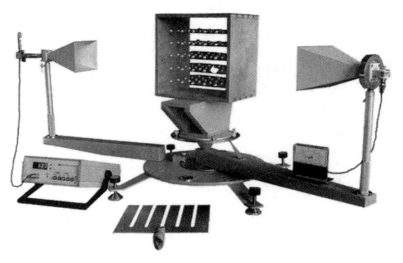

图 8–7　布拉格衍射实验设备安装图

8.4.3　实验步骤

　　实验是仿照 X 射线入射真实晶体发生衍射的基本原理,人为地制作了一个方形点阵的模拟晶体,以电磁波代替 X 射线,使电磁波向模拟晶体入射,观察从不同晶面上点阵的反射波产生干涉应符合的条件,这个条件就是布拉格方程,即当电磁波波长为 λ 的平面波入射到间距为 a 的立方晶体。对于已经按照密勒指数划分出的晶面,入射角为 φ,当满足条件 $2d\cos\varphi = k\lambda$ 时(k 为整数),发生衍射。

　　实验中使用的 32 mm 波长的电磁波和周期为 40 mm 的立方点阵模拟晶体,晶体结点上的粒子由小铝球组成,小铝球是电磁波的散射中心,能获得几个级次的反射,取决于所划分的晶面。

（1）将模拟晶体架上的中心孔插在与刻度盘中心一致的一个销子上。模拟晶体架下面圆盘的刻线要与模拟晶体（100）晶面法向的方向一致，并且指向度盘的0°，如图8-8所示。

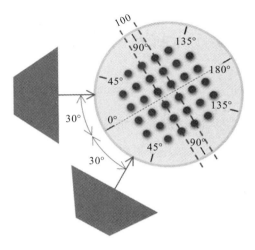

图 8-8　布拉格衍射实验 100 面测量示意

（2）入射角从30°～70°，每旋转分度转台1°（注意：固定臂指针变化1°，旋转臂要在原位置基础上旋转2°），记录接收天线在相应的反射角时指示器电流读数 I，并绘制布拉格衍射强度分布曲线，找出布拉格衍射角。

（3）（110）晶面的测量方法同前。方便起见，模拟晶体放置时，置物架下面圆盘的刻度线指向刻度盘的45°，如图8-9所示。

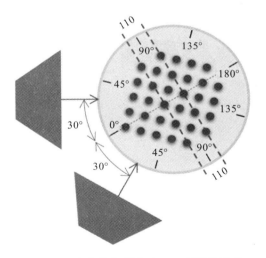

图 8-9　布拉格衍射实验 110 面测量示意

8.4.4　实验数据

实验数据记录在表8-1中。

表 8 - 1　实验数据

角度 φ	电流 I (100) 晶面	电流 I (110) 晶面	角度 φ	电流 I (100) 晶面	电流 I (110) 晶面	角度 φ	电流 I (100) 晶面	电流 I (110) 晶面	角度 φ	电流 I (100) 晶面	电流 I (110) 晶面
30°			43°			56°			69°		
31°			44°			57°			70°		
32°			45°			58°			71°		
33°			46°			59°			72°		
34°			47°			60°			73°		
35°			48°			61°			74°		
36°			49°			62°			75°		
37°			50°			63°					
38°			51°			64°					
39°			52°			65°					
40°			53°			66°					
41°			54°			67°					
42°			55°			68°					

第9章 圆极化波合成实验

9.1 实验目的

了解圆极化波的相关概念;掌握圆极化波的合成方法。

9.2 反射栅板

反射栅板,如图9-1所示,是在吸波材料前缠绕上细金属丝构成的平板。细金属丝起到对电磁波的反射作用。

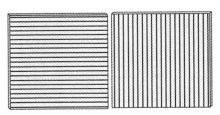

图9-1 水平、垂直反射栅板

反射栅板只反射与金属丝平行的电磁场分量。其工作方式如图9-2所示。

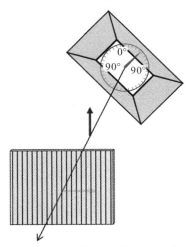

图9-2 反射栅板工作方式示意

9.3　圆极化波合成

圆极化波的合成需要两个线性正交极化波、振幅相等、相位差 $\frac{\pi}{2}$。本次实验需要利用矩形角锥天线合成圆极化波。采取如图 9 - 3 所示的设备搭建方法,可满足这 3 个条件合成圆极化波。

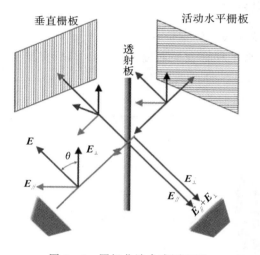

图 9 - 3　圆极化波合成原理图

当发射端矩形角锥天线与地面成 45° 时,可以分解成水平、垂直分量且振幅相等。向前传输的过程中,遇到透射板后,会沿着反射和透射 2 个方向继续传输。在反射传输的路径上安装垂直反射栅板,将垂直极化分量反射回来;在透射传输的路径上安装水平反射栅板,将水平极化分量反射回来。垂直分量和水平分量再次经过透射板的反射和透射后最终会被接收端矩形角锥天线收到。此时接收端天线收到的信号是 2 个线性正交的极化波而且两者振幅相等。适当地移动水平栅板,改变 2 个波的波程差,使 2 个正交波到达接收端时相位差为 $\frac{\pi}{2}$,此时接收端接收到的即为圆极化波,如图 9 - 4 所示。

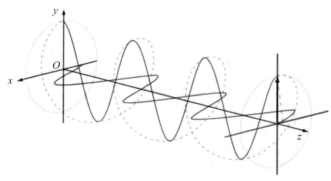

图 9 - 4　圆极化波

9.4　圆极化波合成实验介绍

9.4.1　实验内容

利用矩形角锥天线合成圆极化波。

9.4.2　实验装置安装

实验设备安装同迈克尔逊干涉实验,如图 5-5 所示只需要将迈克尔逊干涉实验的 2 个金属反射板分别替换成水平和垂直反射栅板即可。圆极化波合成实验俯视图如图 9-5 所示。

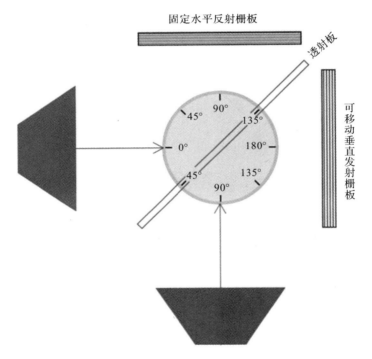

图 9-5　圆极化波合成实验俯视图

9.4.3　实验步骤

(1) 调整微波分光仪系统,按照原理图安装设备。将发射端天线旋转 45°,经过透射板和反射栅板的反射后,电磁波将分成水平和垂直线性极化波,接收端天线收到 2 个正交线性电磁波。

(2) 首先将接收端天线设置成只接收垂直极化波状态 $E_\perp$,记下指示器读数 $I_\perp$;接着将接收端天线设置成只接收水平极化波状态 $E_\parallel$,再次观察指示器读数 $I_\parallel$,若 $I_\parallel \neq I_\perp$,稍微转动发射端天线,使 $I_\parallel$ 接近 $I_\perp$,经过反复调整,最终使 $I_\parallel = I_\perp$。

（3）将接收端天线设置成接收普通极化波状态,观察指示器读数 I,调整可移动栅板,改变 2 个正交线性极化波之间的相位差,使 I 接近于 $I_{\parallel}$ 和 $I_{\perp}$ 的数值。经过反复调整,最终使 $I = I_{\parallel} = I_{\perp}$,这时 2 个正交线性极化相位差 $\dfrac{\pi}{2}$,接收端天线接收到圆极化波信号。

（4）通过计算轴比判断接收到的是否为圆极化波,要求椭圆度（轴比）ρ 满足：

$$\rho = \frac{E_{\min}}{E_{\max}} \propto \sqrt{\frac{I_{\min}}{I_{\max}}} \geqslant 0.95 \qquad (9-1)$$

式中：$E_{\min}$ 和 $E_{\max}$ 分别为场强最小和最大值；$I_{\min}$ 和 $I_{\max}$ 分别为电流最小和最大值。

当计算所得的结果大于 0.95 时,可认为所得到的就是圆极化波。

9.4.4　实验数据

实验数据记录在表 9-1 中。

表 9-1　实验数据

圆极化波合成②		
角　度	左边电流	右边电流 0°
10°		
20°		
30°		
40°		
50°		
60°		
70°		
80°		
90°		
椭圆度		
极　性		

第 10 章　频率测量实验

10.1　实验目的

了解信号源、耦合器、波导、频率计、匹配负载等微波器件;掌握频率的测量方法。

10.2　实验仪器设备介绍

10.2.1　实验系统连接

本实验系统连接实物图与框图分别如图 10-1 和图 10-2 所示。

图 10-1　实验系统连接实物图

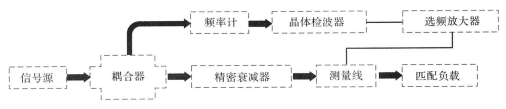

图 10-2　实验系统连接框图

10.2.2　实验仪器、微波器件介绍

1. YS1126 信号源

　　YS1126 信号发生器采用砷化镓体效应二极管作为振荡器,外形图如图 10 - 3 所示。工作频率范围为 8.6~9.6 GHz,同时具有 1 kHz 方波调制信号。仪器面板上具有方波调制工作方式选择按键,可以根据测量需要选择合适的工作方式;频率调整旋钮可以用来调整信号源的工作频率大小。频率指示面板上的刻度指示可以作为参考,实际的频率大小还需要频率计来进行测量。

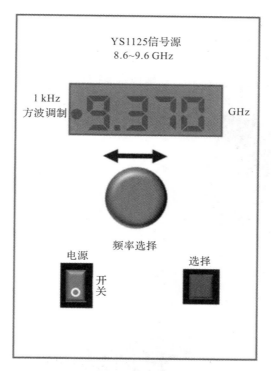

图 10 - 3　YS1126 信号源面板

2. 矩形波导(Waveguide)

　　波导最早用于传输微波信号的传输线类型之一,矩形波导如图 10 - 4 所示,90°弯波导如图 10 - 5 所示,矩形波导模型如图 10 - 6 所示,波导的横截面如图 10 - 7 所示。它主要工作在 1 GHz 到超过 220 GHz。其优点:功率容量高、信号损耗低。其缺点:体积大、价格昂贵。

图 10 - 4　矩形波导

图 10 - 5　90°弯波导

图 10-6　波导模型

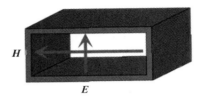

图 10-7　波导的横截面

3. 定向耦合器

定向耦合器是一种有方向性的耦合功率的微波器件,如图 10-8 所示。顶端带缝隙的波导如图 10-9 所示。定向耦合器是将主波导中入射行波或反射行波的部分功率耦合至辅助波导,作为功率监视或频率监视等用,其结构示意图如图 10-10 所示。

图 10-8　定向耦合器

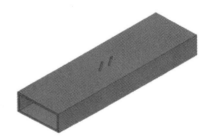

图 10-9　顶端带缝隙的波导

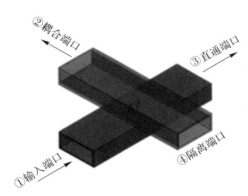

图 10-10　定向偶合器结构示意

定向耦合器的主要技术指标是耦合度 k,其定义为:当电磁波由主波导 ① 端输入而其余三端口(②③④)均匹配时,主波导输入功率 P_1 与辅助波导 3 端口输出功率 P_3 之比,并以 dB 为单位,即

$$k = 10 \lg \frac{P_1}{P_3} (\text{dB}) \qquad (10-1)$$

如果希望百分之一的功率输送到辅助波导正方向去,则 $k = 20$ dB。

4. 可变衰减器

衰减器是用来衰减微波的功率电平,也可以作为负载与信号源间的去耦元件。由于波导管内各处微波电场强弱不同,所以改变衰减片在波导管中所处的位置,即可得到不同的衰减量。衰减片由玻璃叶片(或其他介质片)喷涂镍铬合金(或石墨)的电阻性薄层制成。在矩形波导中,可变衰减器和其结构如图 10 - 11、图 10 - 12 所示。

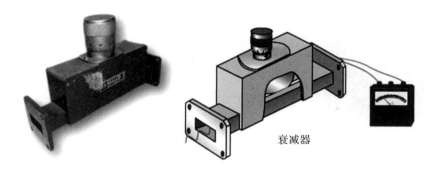

衰减器

图 10 - 11　可变衰减器

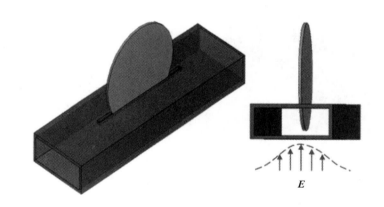

E

图 10 - 12　可变衰减器结构示意

在矩形波导内安置吸收片,随着吸收片在波导内部位置的深浅变化,功率随之发生连续变化。可变衰减器刻度盘上的读数与衰减量之间的关系可由功率计测定或者查询出场测定表格。

5. 微波测量线

测量线又叫驻波测量仪(Standing-Wave Detecktor),是用来测量波导中驻波分布规律的仪器。驻波测量线可分为两类:第一类是电场测量,第二类是磁场测量。目前广泛应用的是第一类。应用电场测量原理设计的驻波测量线和其结构如图 10 - 13、图 10 - 14 所示。它的主要组成都分有:一段开槽波导、探头装置(包括探针、检波晶体、调谐活塞)、探头移动机构和位置测量装置等。开槽部位应恰在矩形波导宽壁中心线上,开槽要足够窄(一般为 2.5～3.5 mm 适宜),有几个半波长的长度,槽的两端成楔形或渐变线形。探针插入槽中深度可调。

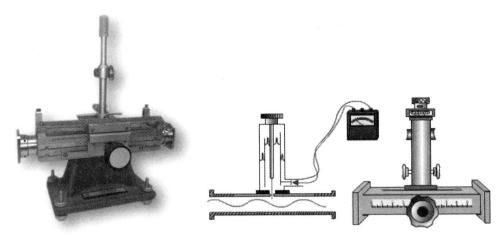

图 10-13 微波测量线

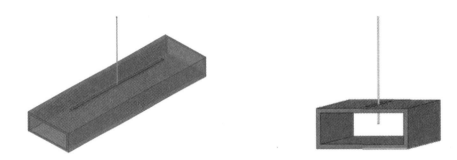

图 10-14 微波测量线结构

沿槽可移动的探针与波导中的 TE_{10} 波靠电场耦合。由于探针与电场平行,电场的变化在探针上感应的电动势(其大小正比于该处场强)经晶体二极管检波,检波电流流过指示器回到同轴探头外导体成一闭合回路,指示器读数表示出沿槽线分布的场强大小。由平行于槽的标尺读数表示出场强大小的位置,从而测得驻波比、驻波相位、波导波长。

指示器一般用光标检流计、微安表或选频放大器。若用选频放大器,可直接读出驻波比,但必须注意这时的微波信号源要加方波调制,并且注意晶体检波律,使输至晶体的信号电平保持在平方律检波范围内,否则测出的驻波比将失去意义。

为了提高测量的灵敏度,在测量前需要调节同轴探头中的调谐活塞及探针深度,消除由于探针插入开槽波导引起的不匹配,使检波晶体输出最大:将探针置于驻波腹点,调节调谐活塞及探针插入深度(一般取窄边 b 的 5%~10% 适宜),使指示器的指针偏转在满刻度附近(若指示器指针偏转较小,则需增大微波输出功率)。

6. 匹配负载

匹配负载一般做成波导段的形式,其终端短接,并包含有一些安置在电场平面内的吸收片。把片子做成特殊的劈形状来实现它们与波导间的匹配(见图 10 - 15),其结构如图 10 - 16 所示。这样就保证了由没有吸收材料的波导向有吸收器的波导逐渐过渡。片子的材料是涂覆有金属的碎末(例如铂金)薄层的电介质(玻璃、瓷胶纸板等),或者用炭层涂覆,表面电阻的大小根据匹配条件用实验方法选择。对于波导吸收器,直流测量的表面电阻的最佳值为数百欧姆。斜面的长度用实验方法确定,使其尽可能在宽的频带内能得到最小驻波比,通常劈的长度等于或大于半波长。

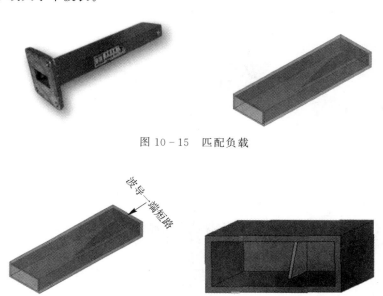

图 10 - 15　匹配负载

图 10 - 16　匹配负载结构

7. 晶体检波器

微波检波系统采用半导体点接触二极管(称微波二极管),外壳为高频铝瓷管,形状像子弹(也有别的形状的)。晶体检波器就是一段波导和装在其中的微波二极管,如图 10 - 17 所示,其结构如图 10 - 18 所示。

将微波二极管(检波晶体)插入波导宽壁中心,使它对波导两宽壁间的感应电压(与该处电场强度成正比)进行检波。为了获得大的检波信号输出,调节后部的短路活塞位置,使它与晶体间的距离约等于 $\frac{\lambda}{2}$,使晶体处于电场最大(驻波波腹)处。有的晶体检波器,前方装有 3 个螺钉调配器,以便使它后面与输入波导相匹配,提高检波效率。

由于检波晶体上的电压 V 与微波中的电场 E 成正比,检波电流 i 与 E 的关系为 $i = kE^n$。式中 k 是一比例常数,通常 $1 < n < 2$,当 E 较小时,$n \approx 2$,这是晶体的平方律区域;当 E 较大时,$n \approx 1$,这是晶体的线性律区域。在平方律区域,晶体的检波电流与晶体接受的微波功率成正比。

晶体检波器用来指示微波功率的相对值大小。与利用功率计来测量可使设备大为简化。晶体检波器只能指示相对功率大小,不能测量绝对功率。

图 10 - 17　晶体检波器

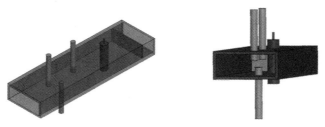

图 10 - 18　晶体检波器结构

8．选频放大器

YM3892 选频放大器是一种能检测微弱信号的精密测量放大器。它与信号源和微波测量线配套使用，可以测量驻波比等。本仪器是微波测量系统中不可或缺的设备。YM3892 选频放大器外形如图 10 - 19 所示。

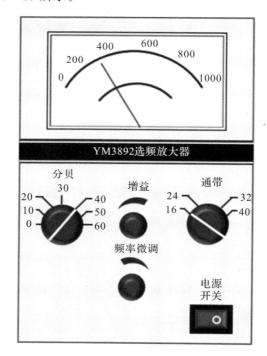

图 10 - 19　选频放大器外形

放大器量程：0～60 dB，每 10 dB±0.5 dB 步进。0～5 dB±0.2 dB，0～5 dB 连续可调。

表头刻度：0～1 000 mA；驻波比 1～4,3～10。

10.3　频　率　计

10.3.1　谐振腔频率计

频率高达微波频段时,集总参数的电感与电容已失去了意义,就不能再用普通的谐振电路,而要采用由金属导体围成的、封闭的,且有一定几何形状的空间作为微波频段的谐振回路,称为谐振腔。

常用的谐振腔有矩形谐振腔和圆柱形谐振腔。谐振腔与波导管的耦合是在腔与波导公共壁上开小孔(叫耦合孔)作为耦合元件。通过式谐振腔前、后都开孔(有两个耦合孔),反射式谐振腔开一个孔(有一个耦合孔)。

谐振腔频率计是用来测量微波频率的,按其与微波系统连接方式可分通过式(最大读数法)和吸收式(最小读数法)两种。通常采用吸收式波长表,一个圆柱腔吸收式波长表结构如图 10-20 所示,其结构演变如图 10-21 所示。它由一段波导和圆柱腔(通常采用 TE_{11} 模)构成。腔的上部用调谐活塞短路,下端用波导一宽臂短路,但中心开一耦合孔使腔与波导作磁耦合。旋转螺旋测微头可以调节调谐活塞行程,即改变腔的长度,当腔的长度为待测微波信号的 $\frac{\lambda}{2}$ 时,谐振腔恰谐振于待测信号的频率上,就有一小部分微波能量耦合到腔中,致使输出微波功率下降,指示器读数有一极小值。

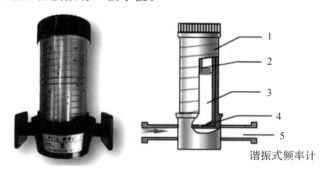

　　　　　　　　　　　　　　　　　　　　　　　谐振式频率计

图 10-20　PX-16 频率计

1—螺旋测微机构;　2—可调短路活塞;　3—圆柱谐振空腔;　4—耦合孔;　5—矩形波导

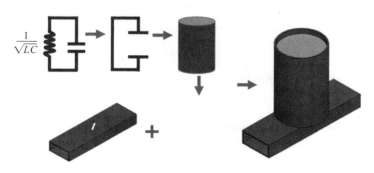

图 10-21　频率计结构演变

由于谐振腔长度与谐振频率有对应关系,可以做出腔体长度与频率校正曲线,从而依据腔体长度求得频率(或波长)。腔体长度可以从螺旋测微器读出,能精确到 0.01 mm。也有直接将频率读数刻于调谐度盘上的"直读"式波长表,使用方便,但误差较大。

实验用 PX-16 频率计是一种吸收式频率计,测量频率范围 8.6～9.6 GHz,利用圆柱形微波谐振腔的工作原理,直接标记频率刻度。

在用它测量频率的过程中,只需要旋动套筒,当在选频放大器上观察到信号大小发生变化或者在示波器上看到波形失真时,可以确定此时圆柱形谐振腔发生振荡,表明圆柱形谐振腔的固有频率与系统的工作频率相同,从频率计上读出的频率即系统的工作频率。

10.3.2 频率计读数

读取频率值时,读取两条水平红线之间与纵向红线交叉的值,观察正确频率过程如图 10-22 所示,频率计读数方法如图 10-23 所示。

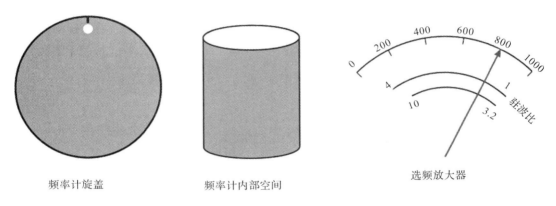

图 10-22 观察正确频率过程演示

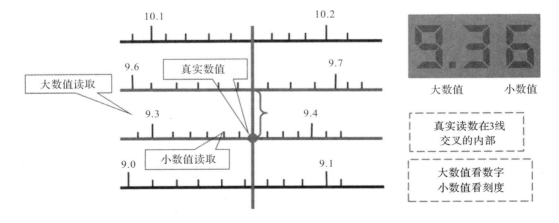

图 10-23 频率计读数方法

10.4　频率测量实验介绍

10.4.1　设备连接框图

本实验设备连接框图如图 10-24 所示。

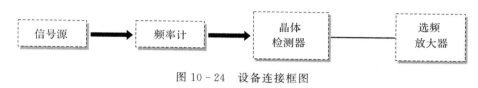

图 10-24　设备连接框图

10.4.2　实验步骤

（1）打开信号源，加载 1 kHz 调制信号，设置信号源工作频率为 9.37 GHz。

（2）匀速旋转频率计顶端旋钮，改变谐振腔体积，同时观察选频放大器的指针变化。在谐振腔体积改变过程中，如发现选频放大器指针突然向能量降低的方向剧烈偏转，这时谐振腔体积和信号源的频率对应，产生谐振。

（3）此时，对频率计再缓慢进行些微调，使选频放大器指针固定到最小的位置，读取频率计的指示读数，即信号源的真实工作频率。

10.4.3　实验数据

实验数据记录在表 10-1 中。

表 10-1　实验数据

测量次数	1	2	3	4	5
信号源频率（参考值）/GHz					
频率计频率（实测值）/GHz					9.37

10.4.4　思考题

在测量频率时，如果首先将频率计读数调整到 9.37 GHz，接下来调整信号源的频率，使之逐渐接近 9.37 GHz，能不能准确测量出工作频率？

第11章 波导波长测量实验

11.1 实验目的

理解传输线负载短路和开路的特殊情形;学会利用负载短路测量波导波长。

11.2 端接负载的无耗传输线

如图 11-1 所示画出了一个端接任意负载阻抗 Z_L 的无耗传输线。这个问题说明传输线中的波的反射,这是分布系统的一个基本特性。

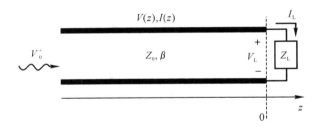

图 11-1 端接负载阻抗 Z_L 的传输线

假定有形式为 $V_0^+ e^{-j\beta z}$ 的入射波,它产生于 $z < 0$ 处的源。已经知道,这一行波的电压和电流之比就是特征阻抗 Z_0。但是,当该传输线端接到任意负载 $Z_L \neq Z_0$ 时,负载上的电压和电流之比应该是 Z_L。因此,具有适当振幅的反射波必定会产生出来,以满足该条件。线上的总电压可以作为入射波与反射波之和。写成如下形式:

$$V(z) = V_0^+ e^{-j\beta z} + V_0^- e^{j\beta z} \tag{11-1}$$

式中:V_0^+ 和 V_0^- 为电压值;β 为相位常数。

类似的,线上的总电流也可以描述为

$$I(z) = \frac{V_0^+}{Z_0} e^{-j\beta z} - \frac{V_0^-}{Z_0} e^{j\beta z} \tag{11-2}$$

线上的总电压和总电流通过负载阻抗联系起来,因此在 $z = 0$ 处必须有

$$Z_L = \frac{V(0)}{I(0)} = \frac{V_0^+ + V_0^-}{V_0^+ - V_0^-} Z_0 \tag{11-3}$$

利用式(11-3)求得 V_0^- 为

$$V_0^- = \frac{Z_L - Z_0}{Z_L + Z_0} V_0^+ \tag{11-4}$$

定义电压反射系数 Γ:

$$\Gamma = \frac{V_0^-}{V_0^+} = \frac{Z_L - Z_0}{Z_L + Z_0} \tag{11-5}$$

于是线上的总电压和总电流可以写成:

$$V(z) = V_0^+ (e^{-j\beta z} + \Gamma e^{j\beta z}) \tag{11-6}$$

$$I(z) = \frac{V_0^+}{Z_0} (e^{-j\beta z} - \Gamma e^{j\beta z}) \tag{11-7}$$

从这些表达式可以看出,线上的电压和电流是由入射波和反射波叠加组成的,这样的波称为驻波。只有当 $\Gamma = 0$ 时,才不会有反射波。为了得到 $\Gamma = 0$,负载阻抗 Z_L 必须等于该传输线的特性阻抗 Z_0,这样的负载称为传输线的匹配负载,因此入射波没有反射。

11.2.1　无耗传输线的特殊情况:端接负载短路

实际工作中,经常出现一些无耗传输线的特殊情况。首先考虑如图 11-2 所示的传输线电路,其中,传输线的一端是短路的,即 $Z_0 = 0$。

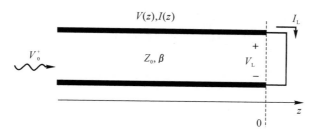

图 11-2　终端短路的传输线

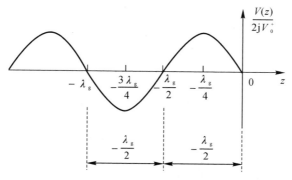

图 11-3　终端短路传输线电压沿线变化

由式(11-5)可以看出,短路负载的反射系数 $\Gamma = -1$;根据式(11-6)和式(11-7)得出线上的电压和电流为

$$V(z) = V_0^+ (e^{-j\beta z} - e^{j\beta z}) = -2jV_0^+ \sin\beta z \tag{11-8}$$

$$I(z) = \frac{V_0^+}{Z_0}(\mathrm{e}^{-\mathrm{j}\beta z} + \mathrm{e}^{\mathrm{j}\beta z}) = \frac{2V_0^+}{Z_0}\cos\beta z \qquad (11-9)$$

式(11-8)与式(11-9)表明,在 $z=0$ 的负载处, $V=0$(对于短路负载),而电流获得极大值。同时当 $\beta z = \dfrac{2\pi}{\lambda_\mathrm{g}}Z = k\pi$,即当 $z = k\dfrac{\lambda_\mathrm{g}}{2}$ 时,在这些点处线上驻波电压 $V=0$,线上电压分布如图 11-3 所示。此时传输线上形成纯驻波,电压始终为零的这些点称作波节点,同时注意到,相邻的 2 个波节点之间的距离为 $\dfrac{\lambda_\mathrm{g}}{2}$。

11.2.2 无耗传输线的特殊情况:端接负载开路

接下来考虑如图 11-4 所示的传输线电路,其中,传输线的一端时短路的,即 $Z_L = \infty$。

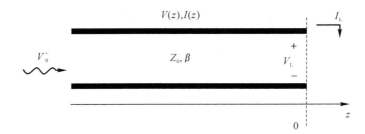

图 11-4 终端开路的传输线

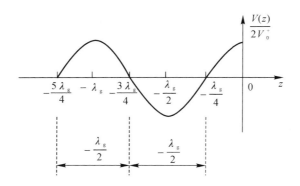

图 11-5 终端开路传输线电压沿线变化

把式(11-5)的分子、分母除以 Z_L,并令 $Z_L \rightarrow \infty$,可以证明,这种情况下的反射系数 $\Gamma = 1$。根据式(11-6)和式(11-7)得出线上的电压和电流为

$$\cdot V(z) = V_0^+(\mathrm{e}^{-\mathrm{j}\beta z} + \mathrm{e}^{\mathrm{j}\beta z}) = 2V_0^+\cos\beta z \qquad (11-10)$$

$$I(z) = \frac{V_0^+}{Z_0}(\mathrm{e}^{-\mathrm{j}\beta z} - \mathrm{e}^{\mathrm{j}\beta z}) = \frac{-2\mathrm{j}V_0^+}{Z_0}\sin\beta z \qquad (11-11)$$

式(11-10)与式(11-11)表明,在 $z=0$ 的负载处, $I=0$(对于开路负载),而电压获得极大值。同时当 $\beta z = \dfrac{2\pi}{\lambda_\mathrm{g}}Z = (2k+1)\dfrac{\pi}{2}$,即当 $z = (2k+1)\dfrac{\lambda}{4}$ 时,在这些点处线上驻波电压 $V=0$,

线上电压分布如图 11-5 所示。此时传输线上形成纯驻波,电压始终为零的这些点称作波节点,同时注意到,相邻的 2 个波节点之间的距离为 $\dfrac{\lambda_g}{2}$。

　　从上述的推导可以看出,只要将传输线终端短路或者开路,然后利用实验的手段测量出来线上 2 个纯驻波波节点之间的距离,即可求出传输线上工作电磁波的波导波长。

11.3　波导波长测量实验介绍

11.3.1　设备连接框图

本实验设备连接框图如图 11-6 所示。

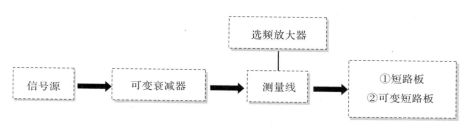

图 11-6　设备连接框图

11.3.2　波导短路的实现方法

　　本次实验采取终端短路的方法进行测量,需要用到短路片来实现传输线的短路效果。短路片与测量线连接方式如图 11-7 所示。

图 11-7　短路片与测量线连接方式

短路片连接到测量线终端作为负载后,相当于传输线短路,传输线沿线的场为纯驻波。通过移动测量线探针,测出 2 个纯驻波波节点的距离即可得到波导波长。

11.3.3　实验步骤

(1) 打开信号源,加载 1 kHz 调制信号,设置信号源工作频率为 9.37 GHz。

(2) 移动测量线探针,同时适当调整放大器的增益避免在最大输出位置时使选频放大器的表头指针超量程。来回移动测量线的探针,观察传输线在终端短路情况下全反射的纯驻波分布情况。

(3) 采取中值读数法,找出两个相邻的最小点位置 d_1 和 d_2,即移动探针在驻波最小点左右找出两个具有相同幅度(由选频放大器读出)的位置 d_{11} 和 d_{12},然后取其平均值(即为所需的最小点位置 d_1)。用相同的方法找出相邻的最小点 d_2,如图 11-8 所示。为了测量更加准确,通常在线上利用中值读数法连续的测量出 4 个波节点,然后用逐差法进行计算。计算方法为

$$d_i = \frac{d_{i1} + d_{i2}}{2} \tag{11-12}$$

$$\lambda_g = \frac{(d_4 - d_2) + (d_3 - d_1)}{2} \tag{11-13}$$

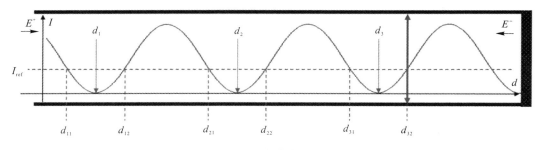

图 11-8　中值读数法示意

11.3.4　实验数据

实验数据记录在表 11-1 中。

表 11-1　实验数据

读数 / mm		d_{11}	d_{12}	d_{21}	d_{22}	d_{31}	d_{32}	d_{41}	d_{42}
波节点	短路片	d_1		d_2		d_3		d_4	
λ_g/mm									

11.3.5　思考题

在实验中,利用测量线终端接短路片的方式实现传输线短路形成的线上纯驻波分布来进行测量,如果测量线空载,如图 11 - 9 所示,是否能够形成传输线开路?

图 11 - 9　测量线空载

第12章 电压驻波比测量实验

12.1 实验目的

理解驻波比的定义;学会使用直接法、等指示度法和功率衰减法测量驻波比。

12.2 电压驻波比

若用传输线的长度来表示传输线方程,则式(11-6)可以写成:

$$V(z) = V_0^+ (e^{-j\beta z} + \Gamma e^{j\beta z}) = V_0^+ (e^{j\beta z} + \Gamma e^{-j\beta z}) \tag{12-1}$$

式中:V_0^+ 为电压幅值;β 为相位常数;Γ 为反射系数。

定义 l 为从负载开始到电源端传输线的长度,$z = -l$,如图 12-1 所示。

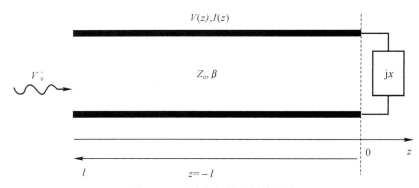

$$V(z), I(z)$$

图 12-1 端接负载无耗传输线

若负载与传输线是匹配的,则 $\Gamma = 0$,而且线上的电压幅值 $|V(l)| = |V_0^+|$ 为常数。传输线上的电磁场为行波分布,这样的传输线有时称为是"平坦的"。然而,当负载失配时,反射波的存在会导致驻波,这时线上的电压幅值不是常数。因此,由式(12-1)可得

$$V(l) = V_0^+ (1 + \Gamma e^{-j2\beta l}) e^{j\beta l} \tag{12-2}$$

对式(12-2)两端取模,并将 $\Gamma = |\Gamma| e^{j\theta}$ 代入,得到

$$|V(l)| = |V_0^+| \, |1 + |\Gamma| e^{j(\theta - 2\beta l)}| \tag{12-3}$$

式中:θ 为反射系数相角;$|\Gamma|$ 为反射系数的模值。

这个结果表明,电压幅值沿线随着 l 起伏,如图 12-2 所示。

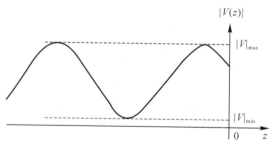

图 12-2　传输线上的驻波分布

当相位项 $e^{j(\theta-2\beta l)}=1$ 时,出现最大值:$|V|_{max}=|V_0^+|(1+|\Gamma|)$。当相位项 $e^{j(\theta-2\beta l)}=-1$ 时,出现最小值 $|V|_{min}=|V_0^+|(1-|\Gamma|)$。

当 $|\Gamma|$ 增加时,$|V|_{max}$ 与 $|V|_{min}$ 之比增加,因此,度量传输线的适配量,称为驻波比(Standing Wave Ratio,SWR),可定义为

$$\rho = \frac{V_{max}}{V_{min}} = \frac{1+|\Gamma|}{1-|\Gamma|} \tag{12-4}$$

这个量也称为电压驻波比(Voltage Standing Wave Ratio,VSWR)。由式(12-4)可以看出,驻波比是一个实数,且 $\rho \leqslant 1$,其中 $\rho=1$ 意味着负载匹配。一般驻波比按其数值大小分:小驻波比($1 \leqslant \rho \leqslant 3$),中等驻波比($3 \leqslant \rho \leqslant 10$),大驻波比($\rho \geqslant 10$)。

驻波比过大,会导致线上功率不能有效传输到终端,功率损耗很大。同时,在波腹波节点电压差过大,会导致器件击穿。驻波比大小是衡量微波系统好坏的一个关键因素,需要掌握其测量方法。

12.3　直接法测量驻波比

直接测量沿测量线驻波的波腹点和波节点的场强 E_{max} 和 E_{min},按式(12-4)求出驻波比的方法称为直接法,该方法适用于测量中、小驻波比。

如图 12-2 所示,若驻波的波腹点和波节点处选频放大器指示读数分别为 I_{max} 和 I_{min},晶体检波器的检波率为 n 时,检波电流与电场有 $I = kE^n$,特别地,当信号源输出功率很小,此时 $n \approx 2$ 在平方律检波范围内,驻波比可表示为

$$\rho = \frac{V_{max}}{V_{min}} = \frac{|E|_{max}}{|E|_{min}} = \sqrt{\frac{I_{max}}{I_{min}}} \tag{12-5}$$

当驻波比在 $1.05 \leqslant \rho \leqslant 1.5$ 时,驻波比最大和最小值相差不大,且波腹和波节平坦,难以测定 I_{max} 和 I_{min}。为了提高测量的准确性,可移动测量线的探针,先测出几个腹点和节点的数据,然后取平均值,即

$$\bar{\rho} = \frac{1}{n}\left(\sqrt{\frac{I_{max1}}{I_{min1}}} + \sqrt{\frac{I_{max2}}{I_{min2}}} + \cdots + \sqrt{\frac{I_{maxn}}{I_{minn}}} \right) \tag{12-6}$$

式中:n 为测量波节点和波腹点的个数。当驻波比为 $1.5 \leqslant \rho \leqslant 6$ 时,可直接测量 ρ 值。

12.3.1 设备连接框图

本实验设备连接框图如图 12-3 所示。

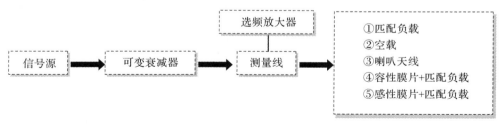

图 12-3 设备连接框图

12.3.2 膜片

在波导中放置的如图 12-4、图 12-5 所示开有窗口的全金属片称为膜片。理论分析表明：当膜片厚度 t 满足 $\delta \ll t \ll \lambda_g$ 时(δ 为膜片的趋肤深度，λ_g 为波导波长)，其等效电路为一并联的导纳 $Y = G + jB$，使传输引起不连续。由于膜片的损耗极小，通常忽略它们的电导分量 G，而电纳 B 展开为一级近似，因此有 $Y = jB$。根据膜片开口的尺寸方式，可以分别得到如图 12-4 所示的感性膜片(在传输线中起到电感的作用)和如图 12-5 所示的容性膜片(在传输线中起到电容的作用)。

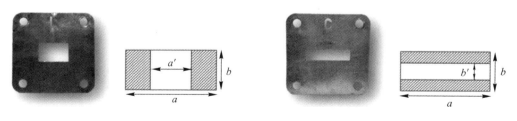

图 12-4 感性膜片   图 12-5 容性膜片

实验中，膜片与匹配负载连接到一起，形成需要测量的负载阻抗(复阻抗)。其与匹配负载的连接方式如图 12-6 所示。此时相当于膜片和匹配负载作为负载阻抗并联在传输线上。

图 12-6 膜片与匹配负载的连接方式

12.3.3　实验步骤

实验中可利用选频放大器直接测量驻波比,步骤如下:

(1) 首先将测量线探针放置波腹点位置。

(2) 调整选频放大器使指针至满量程 1 000 mA,此时 $I_{max}=1\ 000$ mA。

(3) 移动测量线探针至相邻波节点,选频放大器指针指示的电流值即为 I_{min},选频放大器驻波比曲线就是根据式(12 - 5)计算出来的,只要 $I_{max}=1\ 000$ mA,在测量线探针位于波节点时,读取选频放大器指针指向的驻波比 1 ~ 4 量程曲线上的值,即驻波比 ρ,如图 12 - 7 所示。

(4) 为了尽可能减小误差,可以继续移动测量线探针,测量下一个波腹和波节点,读取对应的驻波比,多测量几组数据,计算平均值。

(5) 如果选频放大器指针偏转超过驻波比 1 ~ 4 量程,读不到数值该怎么办? 只需要增大一挡选频放大器的分贝挡,然后读取驻波比 3.2 ~ 10 量程上的数值即可。

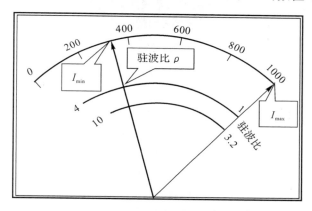

图 12 - 7　选频放大器测量驻波比示意图

12.3.4　实验数据

实验数据记录在表 12 - 1 中。

表 12 - 1　实验数据

待测负载	1st		2nd		3rd		$\bar{\rho}$
	I_{max1}	I_{max1}	I_{max2}	I_{max2}	I_{max3}	I_{max3}	
匹配负载							
空　载							
喇叭天线							
容性膜片＋匹配负载							
感性膜片＋匹配负载							

12.3.5 思考题

实验中的膜片具有感性或者容性的作用,通过传输线方程可得出当传输线终端负载为纯电抗性原件时,在线上会形成纯驻波分布,此次实验中如果按照如图 12 - 8 所示方式连接测量线与膜片,在线上能否形成纯驻波? 如何证明?

图 12 - 8   连接示意图

12.4   等指示度法测量驻波比

直接法测驻波比是一种最简单而又最常用的方法,但这种方法仅适用于中、小驻波比的测量。在大驻波比时,最大场强指示与最小场强指示相差悬殊。若要使 I_{max} 不超出量程,则 I_{min} 就必定很小,而低量程时电表读数误差较大。若要使 I_{min} 保持较大的读数,则 I_{min} 就必定要超出电表的量程。同时,当被测器件的驻波系数大于 3 时,由于驻波最大与最小时电压相差很大,在驻波最大点由于电压较大,往往使晶体的检波特性偏离平方律而转向直线律。这样用直线法测量驻波系数就将引入较大的误差。因此,在大驻波系数的条件下,直接法不适用。

对于大驻波比的测量可以采取等指示度法测量。等指示度法通过测量驻波图形在最小点附近的场强分布规律,从而计算出驻波比。

如图 12 - 9 所示,线上距离负载 l 处的电场可表示为

$$E = E^+ + E^- = E^+ \left[1 + |\Gamma| e^{j(\theta - 2\beta l)}\right] \tag{12-7}$$

式中:E^+ 和 E^- 分别为入射波和反射波场强。

利用欧拉公式展开,同时对两侧取模值的平方为

$$|E|^2 = |E^+|^2 \left[1 + |\Gamma|^2 + 2|\Gamma| \cos(2\beta l - \theta)\right] \tag{12-8}$$

分析式(12-8)可以得出

当 $2\beta l - \theta = 2n\pi (n = 0, 1, 2, \cdots)$ 时,电场的振幅取得最大值,即

$$|E|^2_{max} = |E^+|^2 (1 + |\Gamma|)^2 \tag{12-9}$$

当 $2\beta l - \theta = (2n + 1)\pi, (n = 0, 1, 2, \cdots)$ 时,电场的振幅取得最小值,即

$$|E|^2_{min} = |E^+|^2(1-|\Gamma|)^2 \tag{12-10}$$

利用式(12-9)减去式(12-10)得

$$\frac{|E|^2_{max} - |E|^2_{min}}{2} = 2|\Gamma||E^+|^2 \tag{12-11}$$

观察如图 12-9 所示的驻波节点附近分布曲线，l_0 处于驻波得波节点，此处电场的振幅值最小，因此在 l_0 处一定符合：

$$2\beta l_0 - \theta = (2n+1)\pi \tag{12-12}$$

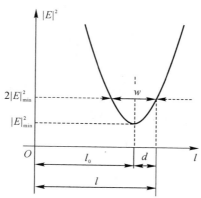

图 12-9　驻波节点附近分布曲线

由于 l 点位于波节点一侧，同波节点 l_0 相距为 d，即 $l = l_0 + d$，则

$$\begin{aligned}\cos(2\beta l - \theta) &= \cos(2\beta(l_0+d)-\theta) = \cos(2\beta l_0 - \theta + 2\beta d)\\ &= \cos[(2n+1)\pi + 2\beta d] = -\cos(2\beta d)\end{aligned} \tag{12-13}$$

因此，式(12-8)可以写成：

$$\begin{aligned}|E|^2 &= |E^+|^2[1+|\Gamma|^2 - 2|\Gamma|\cos(2\beta d)]\\ &= |E^+|^2[(1-|\Gamma|)^2 + 2|\Gamma|(1-\cos(2\beta d))]\end{aligned} \tag{12-14}$$

利用式(12-10)和式(12-11)对式(12-14)进行整理，得到

$$|E|^2 = |E|^2_{min} + (|E|^2_{max} - |E|^2_{min})\sin^2\beta d \tag{12-15}$$

对式(12-15)两侧同时除以 $|E|^2_{min}$ 得

$$\frac{|E|^2}{|E|^2_{min}} = \frac{|E|^2_{min} + (|E|^2_{max} - |E|^2_{min})\sin^2\beta d}{|E|^2_{min}} \tag{12-16}$$

根据驻波比的定义：$\rho = \dfrac{|E|_{max}}{|E|_{min}}$，式(12-16)可以写成：

$$\frac{|E|^2}{|E|^2_{min}} = 1 + (\rho^2 - 1)\sin^2\beta d \tag{12-17}$$

式中：$|E|^2$ 是 l 点处的电场振幅的二次方；d 是 l 点和波节点 l_0 之间的距离。

观察图 12-9，在 l 点处 $|E|^2 = 2|E|^2_{min}$，同时由于波节点两端的对称性，在波节点的另外一侧一定也有和 l 点处振幅相同的一点，且与波节点的距离也是 d，若波节点两侧数值相同的对称点之间的距离为 w，有 $w = 2d$。将上述 2 个等式代入式(12-17)得

$$\frac{2\,|\,E\,|\,^{2}_{\min}}{|\,E\,|\,^{2}_{\min}}=1+(\rho^{2}-1)\sin^{2}\beta\,\frac{w}{2} \tag{12-18}$$

对式(12-18)进行整理化简得

$$1=(\rho^{2}-1)\sin^{2}\left(\frac{2\pi}{\lambda_{g}}\,\frac{w}{2}\right) \tag{12-19}$$

由式(12-19)可以得到驻波比为

$$\rho=\sqrt{1+\frac{1}{\sin^{2}\left(\frac{\pi w}{\lambda_{g}}\right)}} \tag{12-20}$$

对于 $\rho\geqslant10$,由于 w 很小,$\frac{\pi w}{\lambda_{g}}\to0$,$\sin\left(\frac{\pi w}{\lambda_{g}}\right)=\frac{\pi w}{\lambda_{g}}$,此时式(12-20)可简化为

$$\rho\approx\frac{\lambda_{g}}{\pi w} \tag{12-21}$$

式中:λ_{g} 为波导波长,可以利用驻波法进行测量;w 为波节点两侧对称两个的 2 倍最小值点之间的距离,也可以利用手段进行测量。因此这种方法称为等指示度法或 2 倍最小值法。

12.4.1　设备连接框图

本实验设备连接框图如图 12-10 所示。

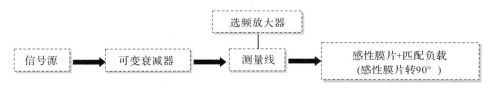

图 12-10　设备连接框图

12.4.2　百分表

由式(12-20)可以看出,驻波比 ρ 随着 $\frac{\lambda_{g}}{w}$ 的减小而很快增加,因此,w 与 λ_{g} 值的测量精度对测量结果影响很大。特别是测量大驻波比时,测量 w 与 λ_{g} 必须使用高精度的位置指示装置:百分表,如图 12-11 所示,百分表指针每转 1 圈撞针移动 1 mm。

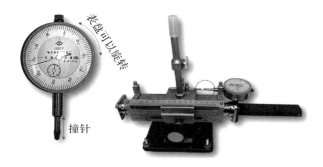

图 12-11　百分表及与测量线连接方式

12.4.3　实验步骤

（1）按照实验设备连接框图连接好设备。

（2）打开信号源，加载 1 kHz 调制信号，设置信号源工作频率为 9.37 GHz。

（3）移动测量线探针到达波节点，此时记下与波节点相对应的选频放大器的电流示数，即 $I_{\min} \leftrightarrow |E|^2_{\min}$。

（4）继续移动测量线探针，到达波节点一侧的 $2l_{\min}$ 处，这时按照图 12-11 所示接上百分表。

（5）移动探针从当前 $2l_{\min}$ 处向波节点方向前进，经过波节点并且到达另外一侧的 $2l_{\min}$ 处，此时记下百分表测量的长度即 2 倍最小值点之间的距离 w，如图 12-12 所示。

测量线探针移动时尽可能朝一个方向，不要来回晃动，以避免测量线齿轮间隙的"回差"。

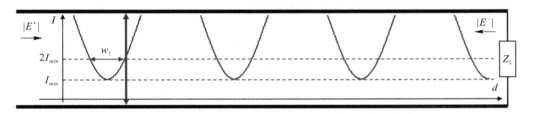

图 12-12　等指示度法测量驻波比示意图

12.4.4　实验数据

实验数据记录在表 12-2 中。

表 12-2　实验数据

待测负载	1st		2nd		3rd		$\bar{\rho}$
	w_1/mm	ρ_1	w_2/mm	ρ_2	w_3/mm	ρ_3	
感性膜片＋匹配负载（感性膜片转 90°）							

12.4.5　思考题

在驻波比较大的情况下，由于测量仪器的限制，有时 $|E|_{\min}$ 也不易测出，如图 12-13 所示情况，这样就不能应用等指示度法测量驻波比，请思考还有什么方法能够实现？请推导出能够进行实验测量的驻波比表达式。

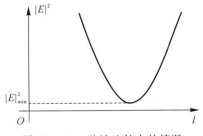

图 12-13　驻波比较大的情况

12.5　功率衰减法测量驻波比

　　功率衰减法是一种简便准确的驻波测量方法,其测量精度与晶体检波律、测量放大器的线性无关,而主要取决于衰减器的校准精度和测量电路的匹配情况。在测量精度要求很高时,应先对电源方向进行调配,并选用高精度的衰减器。

　　其方法是利用精密可变衰减器测量驻波最大点和最小点的电平差。由电平差(分贝差)来算待测器件的驻波系数。

　　如图12-14所示,精密衰减器与测量线连接在一起,信号源送入精密衰减器的入射波为$|E_0^+|$,通过精密衰减器的通过波为$|E_1^+|$,同时$|E_1^+|$作为测量线的入射波,由待测元件产生的反射波为$|\Gamma||E_1^+|$;$|E_1^+|$和$|\Gamma||E_1^+|$在测量线上形成驻波分布。标准可变衰减器的衰减系数为A,定义为

$$A = 20\lg \frac{|E_0^+|}{|E_1^+|} \tag{12-22}$$

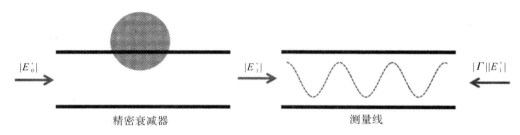

精密衰减器　　　　　　　　　　测量线

图 12-14　精密衰减系数说明

衰减系数 A 在衰减器出场时已测量好,可通过查图 12-15 获得。

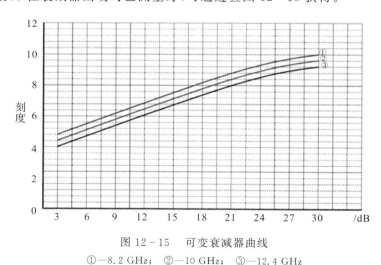

图 12-15　可变衰减器曲线
①—8.2 GHz;　②—10 GHz;　③—12.4 GHz

在测量线上把探针移动到波谷点,此时电场为$E_{\min}^1$,对应选频放大器的读数为$I_{\min}$,如

图 12-16 所示。因探针在驻波波节点,此处电场的振幅最小 $|E_{min}^1| = |E_1^+|(1 - |\Gamma|)$。在通过波为 $|E_1^+|$ 的情况下,衰减器的衰减系数为

$$A_{min} = 20\lg \frac{|E_0^+|}{|E_1^+|} \tag{12-23}$$

式中:A 为衰减器的衰减系数,下标 min 代表此时测量线探针位于驻波的波节点。

结合 A_{min} 和 $|E_{min}^1|$ 两者,可以得出

$$A_{min} = 20\lg \left[\frac{|E_0^+|}{|E_{min}^1|} (1 - |\Gamma|) \right] \tag{12-24}$$

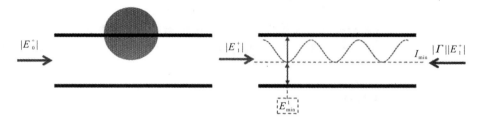

图 12-16　探针位于测量线上驻波波节点,此时通过波为 $|E_1^+|$

保持信号源输出功率不变,移动探针到驻波波腹点,电场为 E_{max}^1,加大衰减器的衰减量,使选频放大器读数返回为 I_{min},其中 $|E_2^+|$ 为改变衰减后的通过波,如图 12-17 所示。因探针在驻波波腹点,此处电场的振幅最大 $|E_{max}^2| = |E_2^+|(1 + |\Gamma|)$。在通过波为 $|E_2^+|$ 的情况下,衰减器的衰减系数为

$$A_{max} = 20\lg \frac{|E_0^+|}{|E_2^+|} \tag{12-25}$$

式中:A 为衰减器的衰减系数,下标 max 代表此时测量线探针位于驻波的波腹点。

结合 A_{max} 和 $|E_{max}^2|$ 两者,可以得出

$$A_{max} = 20\lg \left[\frac{|E_0^+|}{|E_{max}^2|} (1 + |\Gamma|) \right] \tag{12-26}$$

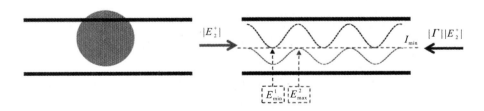

图 12-17　探针位于测量线上驻波波腹点,此时通过波为 $|E_2^+|$

比较式(12-24)和式(12-26),并参照图 12-17 的示意:虽然 $|E_{min}^1|$ 和 $|E_{max}^2|$ 是探针检测到的不同入射波和不同位置时电场的振幅,但是检波电流 I_{min} 是相等的,必有 $|E_{min}^1| = |E_{max}^2|$。用式(12-24)与式(12-26)相减得

$$A_{\max} - A_{\min} = 20\lg\frac{1+|\Gamma|}{1-|\Gamma|} \qquad (12-27)$$

式中：$\dfrac{1+|\Gamma|}{1-|\Gamma|}$ 正是驻波比 ρ 的导出式，则式$(12-27)$可写成：

$$A_{\max} - A_{\min} = 20\lg\rho \qquad (12-28)$$

因此，驻波比也可表示成为

$$\rho = 10^{\frac{A_{\max}-A_{\min}}{20}} \qquad (12-29)$$

$A_{\max}$，$A_{\min}$ 可以通过精密衰减器的刻度通过查图$12-15$得出。

通过以上分析可知，如果说等指示度法把驻波比的测量转换为长度的测量，那么功率衰减法则是把驻波比的测量转换为衰减系数的测量。在实验中，只需要测量出探针位于通过波 $|E_1^+|$ 时波节处的衰减系数和探针位于通过波 $|E_2^+|$ 时波腹处的衰减系数即可求出驻波比。

12.5.1　设备连接框图

本实验设备连接框图如图 $12-18$ 所示。

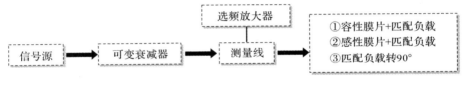

图 $12-18$　设备连接框图

12.5.2　实验步骤

（1）按照实验设备连接框图连接好设备。

（2）打开信号源，加载 $1\ \text{kHz}$ 调制信号，设置信号源工作频率为 $9.37\ \text{GHz}$。

（3）在测量线上把探针移动到波节点，此时通过波为 $|E_1^+|$，测量线上波节点电场为 $E_{\min}^1$，对应的选频放大器的读数为 $I_{\min}$，记下 $I_{\min}$ 的数值，并读出精密衰减器上螺旋测微器的刻度，查表得到 $A_{\min}$。

（4）保持信号源输出功率不变，移动探针到驻波波腹点，此时通过波为 $|E_1^+|$，测量线上波腹点电场为 $E_{\max}^1$。

（5）加大衰减器的衰减量，使选频放大器的读数重新返回 $I_{\min}$，此时的通过波衰减为 $|E_2^+|$，测量线上波腹点电场为 $E_{\max}^2$，读出精密衰减器上螺旋测微器的刻度，查表得到 $A_{\max}$。

（6）代入公式计算驻波比 ρ。

12.5.3　实验数据

实验数据记录在表 $12-3$ 中。

表 12－3　实验数据

待测负载	1st					2nd					3rd					$\bar{\rho}$
	读数	A_{max}	读数	A_{min}	ρ	读数	A_{max}	读数	A_{min}	ρ	读数	A_{max}	读数	A_{min}	ρ	
感性膜片＋匹配负载																
容性膜片＋匹配负载																
匹配负载转 90°																

第13章 阻抗测量实验

13.1 实验目的

了解输入阻抗、特性阻抗、负载阻抗的相关含义;掌握等效截面法测量负载阻抗;学会使用 Smith 圆图解释相关问题。

13.2 阻抗方程

如图 13-1 所示,根据传输线方程可以得到线上的电压、电流的分布方程为

$$V(l) = V_0^+ (\mathrm{e}^{\mathrm{j}\beta z} + \Gamma \mathrm{e}^{-\mathrm{j}\beta z}) = V_0^+ \left[1 + |\Gamma| \mathrm{e}^{\mathrm{j}(\theta - 2\beta l)} \right] \mathrm{e}^{\mathrm{j}\beta l} \tag{13-1}$$

$$I(l) = \frac{V_0^+}{Z_0} (\mathrm{e}^{\mathrm{j}\beta z} - \Gamma \mathrm{e}^{-\mathrm{j}\beta z}) = \frac{V_0^+}{Z_0} \left[1 - |\Gamma| \mathrm{e}^{\mathrm{j}(\theta - 2\beta l)} \right] \mathrm{e}^{\mathrm{j}\beta l} \tag{13-2}$$

式中:V_0^+ 为电压幅值;Z_0 为特性阻抗;β 为相位常数;Γ 为反射系数。

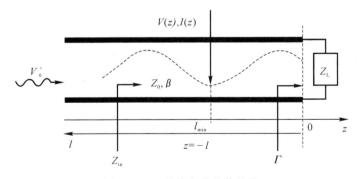

图 13-1 端接负载的传输线

式中:$\Gamma = |\Gamma| \mathrm{e}^{\mathrm{j}\theta}$。在距离负载 l 处,朝着负载看去的输入阻抗定义为

$$Z_{\mathrm{in}}(l) = \frac{V(l)}{I(l)}$$

将线上电压、电流表达式代入,得

$$Z_{\mathrm{in}}(l) = Z_0 \frac{\mathrm{e}^{\mathrm{j}\beta l} + \Gamma \mathrm{e}^{-\mathrm{j}\beta l}}{\mathrm{e}^{\mathrm{j}\beta l} - \Gamma \mathrm{e}^{-\mathrm{j}\beta l}} \tag{13-3}$$

将表达式 $\Gamma = \dfrac{Z_L - Z_0}{Z_L + Z_0}$ 代入式(13-3),可以得到

$$Z_{in}(l) = Z_0 \frac{(Z_L + Z_0)e^{j\beta l} + (Z_L - Z_0)e^{-j\beta l}}{(Z_L + Z_0)e^{j\beta l} - (Z_L - Z_0)e^{-j\beta l}} = Z_0 \frac{Z_L + jZ_0\tan(\beta l)}{Z_0 + jZ_L\tan(\beta l)} \quad (13-4)$$

式(13-4)给出了具有 Z_L 任意负载阻抗的一段传输线的输入阻抗,式(13-4)也称为传输线阻抗方程。

13.3　阻 抗 测 量 原 理

当终端负载 Z_L 与传输线特性阻抗 Z_0 不相等时,在传输线电压、电流上成驻波分布,如图 13-1 所示。l_{min} 处是线上从负载端向源方向看去第一个驻波波节点,波节点处电压模值最小,即 $|V|_{min} = |V_0^+|(1 - |\Gamma|)$,由式(13-1)可以得出,在波节点处必有 $e^{j(\theta - 2\beta l_{min})} = -1$。因此可以得出波节点 l_{min} 处的电压、电流为

$$V(l_{min}) = V_0^+(1 - |\Gamma|)e^{j\beta l_{min}} \quad (13-5)$$

$$I(l_{min}) = \frac{V_0^+}{Z_0}(1 + |\Gamma|)e^{j\beta l_{min}} \quad (13-6)$$

波节点的输入阻抗为

$$Z_{in}(l_{min}) = \frac{V(l_{min})}{I(l_{min})} = Z_0 \frac{1 - |\Gamma|}{1 + |\Gamma|} \quad (13-7)$$

从前述推导已经知道,驻波比和反射系数的关系为 $\rho = \dfrac{1 + |\Gamma|}{1 - |\Gamma|}$,将其代入式(13-7)可以得到驻波波节点的输入阻抗为

$$Z_{in}(l_{min}) = \frac{Z_0}{\rho} \quad (13-8)$$

式中:l_{min} 的物理意义是测量线上从负载端向源方向看去第一个驻波波节点与负载之间的距离。

利用式(13-4)还可以得到在驻波波节点处的输入阻抗为

$$Z_{in}(l_{min}) = Z_0 \frac{Z_L + jZ_0\tan(\beta l_{min})}{Z_0 + jZ_L\tan(\beta l_{min})} \quad (13-9)$$

式(13-8)和式(13-9)都是线上位于 l_{min} 处的驻波波节点输入阻抗,因此二者相等,即

$$\frac{Z_0}{\rho} = Z_0 \frac{Z_L + jZ_0\tan(\beta l_{min})}{Z_0 + jZ_L\tan(\beta l_{min})} \quad (13-10)$$

对于式(13-10)通过等式变换可以得到负载阻抗的表达式为

$$Z_L = Z_0 \frac{1 - j\rho\tan(\beta l_{min})}{\rho - j\tan(\beta l_{min})} \quad (13-11)$$

分析式(13-11)可以得出,由于 $\beta = \dfrac{2\pi}{\lambda_g}$,这样 λ_g, ρ, l_{min} 就是确定负载阻抗的 3 个参数,即负载阻抗测量就归结为对上述 3 个参量的测量。阻抗测量实验思路如图 13-2 所示。

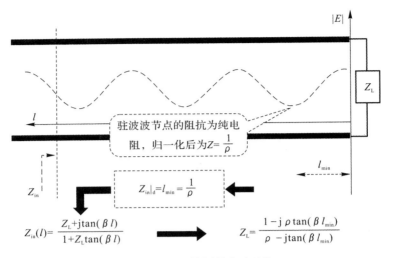

图 13 - 2 阻抗测量实验思路

13.4　等效截面法

由于测量线标尺的两端点不是延伸到线体的两端口,直接测量负载端口到第一个电压波节点的距离 $l_{\min}$ 是不可能的,但根据阻抗分布的 $\dfrac{\lambda_g}{2}$ 重复性原理,在传输线上每隔 $\dfrac{\lambda_g}{2}$ 处的阻抗相等,所以只要找到与待测阻抗相等的面作为等效参考面即可,这就是在测量中常采用的方法"等效截面法"。等效截面法原理如图 13 - 3 所示。

实际测量过程:首先将测量线终端短路,此时负载处即短路点,同时线上驻波按照 $\dfrac{\lambda_g}{2}$ 分布。从图 13 - 3 可以看出,因为 d_T 是测量线终端短路时的驻波波节点位置,所以 d_T 距离终端的距离必为 $n\dfrac{\lambda_g}{2}$,根据 $n\dfrac{\lambda_g}{2}$ 阻抗变换原理,d_T 点的输入阻抗应等于终端所接待测器件的负载阻抗。d_T 参考面被称为测量线终端的"等效截面"。

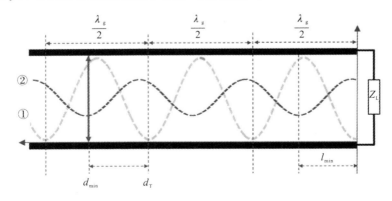

图 13 - 3 等效截面法原理

移去短路器件接上待测负载,此时 d_T 点的输入阻抗就是终端待测负债的阻抗。向源端移动测量线探针,到达第一个驻波波节点 d_{min},d_{min} 和 d_T 之间距离 $|d_T - d_{min}|$ 即所要求的负载端向源端看去负载与第一个驻波波节点之间的距离 l_{min},如图 13-3 所示。图中线 ① 表示终端短路时的纯驻波波形,线 ② 表示终端接待测元件时的驻波波形。

负载阻抗可利用式(13-11)计算得出,也可以利用 Smith 圆图进行求解,如图 13-4 所示。

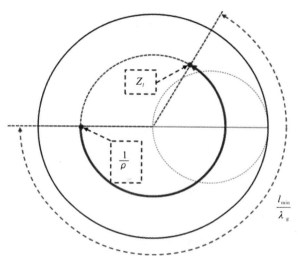

图 13-4 Smith 圆图求解阻抗

在查 Smith 圆图时要注意,l_{min} 的物理意义是由负载向源端看的距离,查图时的旋转方向要按逆时针方向转(向负载方向)。首先在圆图上标识出波节点的归一化输入阻抗 $\frac{1}{\rho}$,然后以此点为半径绘制出等反射圆,以波节点为起点,逆时针旋转(即向负载方向)转过 $\frac{l_{min}}{\lambda_g}$ 的距离,此时等反射圆上的点即所求负载的归一化阻抗。

13.5　阻抗测量实验介绍

13.5.1　设备连接框图

本实验设备连接框图如图 13-5 所示。

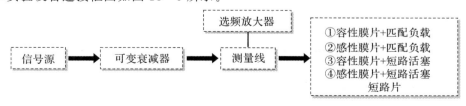

图 13-5　设备连接框图

13.5.2 实验步骤

(1) 按照实验,设备连接框图连接好设备。

(2) 打开信号源,加载 1 kHz 调制信号,设置信号源工作频率为 9.37 GHz。

(3) 测量线终端接上短路片,移动测量线探针到任意一个纯驻波波节点,记下此时波节点的位置,即 d_T。

(4) 取下短路片,换上待测负载,向源端移动测量线探针到达驻波的波节点,读出此时测量线探针的位置,即 d_{min}。计算 $l_{min} = |d_T - d_{min}|$。

(5) 利用公式或者 Smith 圆图求出负载阻抗。

为了获得更小的测量误差,实验过程中通常利用中值读数法进行数据的记录,如图 13 - 6 所示。d_T、d_{min}、l_{min} 的计算公式为

$$d_T = \frac{d_{T1} + d_{T2}}{2} \tag{13 - 12}$$

$$d_{min} = \frac{d_{min1} + d_{min2}}{2} \tag{13 - 13}$$

$$l_{min} = |d_T - d_{min}| \tag{13 - 14}$$

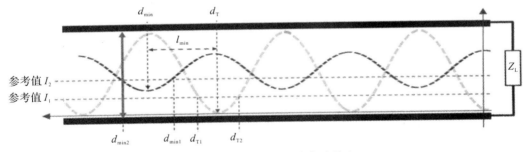

图 13 - 6   阻抗测量中值读数法

13.5.3 实验数据

实验数据记录在表 13 - 1 中。

表 13 - 1   实验数据

负	载	d_{T1}	d_{T2}	d_T	d_{min1}	d_{min2}	d_{min}	l_{min}	ρ	电长度	Z_L
阻抗测量	容性膜片 + 匹配负载										
	感性膜片 + 匹配负载										
电纳测量	容性膜片 + 短路活塞										
	感性膜片 + 短路活塞										

13.5.4 思考题

在实验中,l_{min} 的测量是测量线探针从 d_T 向源端移动到 d_{min} 的距离,如果实验中测量线

探针移动的方向反了,得到的数据是 l_1,如图 13 - 7 所示,那么是否还能得到正确的实验结果?

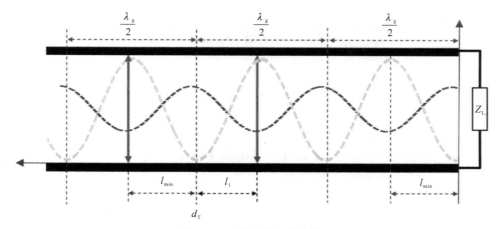

图 13 - 7　探针反向移动图

第14章　阻抗匹配实验

14.1　实验目的

理解阻抗匹配的定义；掌握在不同负载状态下匹配前后驻波比的大小。

14.2　EH面双T阻抗调配器

阻抗匹配技术不仅广泛地应用在微波传输系统中，用以获得良好的工作性能及传输效率（如传输效率高、系统能传输的功率容量最大、微波源工作也较稳定等），而且对于微波测量，直接关系到测量数据的准确度，在精密测量中，往往对阻抗匹配提出很高的要求，由电压反射系数由公式：$\Gamma = \dfrac{Z_L - Z_0}{Z_L + Z_0}$可知，当$Z_L \neq Z_0$时，即阻抗不匹配，就会产生反射。

在小功率时构成微波匹配源的最简单的办法是在信号源的输出端口接一个衰减器或一个隔离器，使负载反射的波通过衰减进入信号源后的二次反射已微不足道，可以忽略。

匹配的基本原理是利用一个调配器，使它产生的附加反射波和失配元件产生的反射波幅度相等，而相位相反，从而抵消失配元件在系统中引起的反射从而达到匹配。阻抗匹配的装置与方法很多，可以根据不同的场合要求灵活选用。对于固定的负载，通常可以在系统中接入隔离器（主要用于源端匹配）、膜片、销钉、谐振窗等以达到匹配目的；而在负载变动的情况下，可接入单螺钉调配器、EH面双T阻抗调配器、短截线等类型的调配器，这里仅介绍实验室中用到EH面双T阻抗调配器（双T调配器）。

双T调配器结构如图14-1所示。在接头的H臂和E臂内各接有可动的短路活塞。改变短路活塞在臂中的位置，便可以使系统获得匹配。

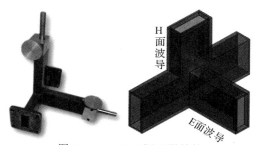

图14-1　双T调配器结构

在双 T 调配器中,H 臂和 E 臂内的短路活塞起到阻抗变换作用。由传输线的输入阻抗为

$$Z_{\text{in}}(l) = Z_0 \frac{Z_L + jZ_0 \tan(\beta l)}{Z_0 + Z_L \tan(\beta l)} \qquad (14-1)$$

式中:Z_0 为特征阻抗;Z_L 为负载阻抗;β 为相位常数。

可知,如果传输线终端短路,即 $Z_L = 0$,则短路传输线的输入阻抗为

$$Z_{\text{in}}(l) = jZ_0 \tan(\beta l) \qquad (14-2)$$

当 $l = \dfrac{\lambda_g}{4}$ 时,$Z_{\text{in}}\left(\dfrac{\lambda_g}{4}\right) = \infty$,此时传输线成开路状态;当 $0 < l < \dfrac{\lambda_g}{4}$ 时,$Z_{\text{in}}(l) > 0$,此时传输线的输入阻抗呈现感性;当 $\dfrac{\lambda_g}{4} < l < \dfrac{\lambda_g}{2}$ 时,$Z_{\text{in}}(l) < 0$,此时传输线的输入阻抗呈现容性。Smith 圆图演示阻抗变换如图 14-2 所示。

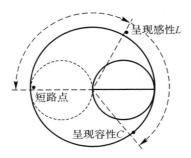

图 14-2　阻抗导纳圆图

因此在双 T 调配器中短路活塞处于不同的位置时,H 臂和 E 臂会呈现出相应的感性或容性特性。

14.3　调配原理

双 T 调配器等效电路如图 14-3 所示。其中,ET 调配的作用相当于在传输线中串接一个纯电抗;HT 调配的作用相当于在传输线中并联一个纯电纳。它们位于同一截面 AA' 处。其调配原理如图 14-4 所示。

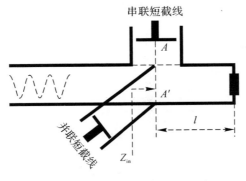

图 14-3　双 T 调配器等效电路

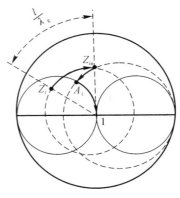

图 14 - 4　调配原理

待匹配负载阻抗 Z_L 经过一段长度为 l 的传输线到达 AA' 截面时,由于传输线阻抗变换作用,在 AA' 处的输入阻抗是负载阻抗 Z_L 在 Smith 圆图上沿着等反射圆顺时针旋转 $\dfrac{l}{\lambda_g}$ 长度到达图 14 - 4 的 Z_{in} 点。

当移动 E 面短路活塞时,相当于改变 $Z_{in}=R+jX$ 的串联电抗,即 jX 值,电阻 R 不变。在圆图上表现为沿着阻抗圆图的等电阻圆移动,直至到达 A_1 点,即与 $G=1$ 的等电导圆相交。此时 A_1 点的导纳为 $Y_{A_1}=1+jB$。

当移动 H 面短路活塞时,相当于改变 A_1 点导纳 $Y_{A_1}=1+jB$ 的并联电纳,即 jB,电导不变始终为 1。在圆图上表现为沿着导纳圆图的电导单位圆移动,直到到达圆心点。此时电纳 jB 为零,电导为 1,实现匹配。

在实际调节时,如果驻波不太大,可先调节 E 臂活塞,使驻波系数减至最小。然后再调节 H 臂活塞,就可以得到近似的匹配 $\rho<1.02$。如果驻波系数较大,就需要反复调节 E 臂和 H 臂的活塞,才能将输入驻波系数降低到很小的程度。从理论上说,双 T 调配器除了纯电抗的负载外,任何其他负载阻抗都可以调到匹配状态。

由于这种匹配器不妨害系统的功率传输和结构上有某些机械的与电的对称性,所以具有以下优点:① 可以使用在高功率传输系统(尤其在毫米波波段)。② 有较宽的频带。③ 有很宽的驻波匹配范围。

14.4　阻抗匹配实验介绍

14.4.1　设备连接图

本实验设备连接框图和连接方式如图 14 - 5 和图 14 - 6 所示。

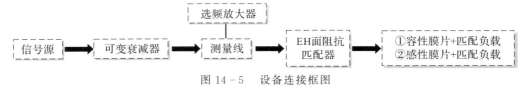

图 14 - 5　设备连接框图

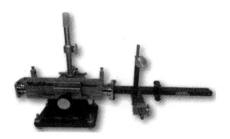

图 14 - 6　设备连接方式

14.4.2　实验步骤

(1) 按照实验框图连接好设备。

(2) 打开信号源,加载 1 kHz 调制信号,设置信号源工作频率为 9.37 GHz。

(3) 利用选频放大器读出此时传输线上的驻波比。

(4) 首先将 E 面(或 H 面)的短路活塞固定在某一位置,仔细而缓慢地调节 H 面(或 E 面)的短路活塞。并用测量线跟踪,找到一个驻波波节点上升而驻波腹点有下降趋势的活塞位置及其调整方向,仍缓慢地朝这个方向调整 H 面(或 E 面)活塞。不断用测量线跟踪,使驻波波节值增大,波腹值降低。重复上述步骤数次,使终端驻波系数 $\rho < 1.05$ 为止,利用选频放大器读出此时的驻波比。

14.4.3　实验数据

实验数据记录在表 14 - 1 中。

表 14 - 1　实验数据

负　　载	匹配前驻波比 ρ	匹配后驻波比 ρ
容性膜片 + 匹配负载		
感性膜片 + 匹配负载		

参 考 文 献

[1] 姜勤波，余志勇，张辉. 电磁场与微波技术基础[M]. 北京:北京航空航天大学出版社，2016.

[2] 赵同刚，李莉，张洪欣. 电磁场与微波技术测量及仿真[M]. 北京:清华大学出版社，2014.

[3] 谢处方，饶克谨. 电磁场与电磁波[M]. 4 版. 北京:高等教育出版社，2006.

[4] GUSTRAU F. 射频与微波工程:无线通信基础[M]. 陈会，译. 北京:电子工业出版社，2015.

[5] 王培章，朱卫刚. 现代微波工程测量[M]. 北京:电子工业出版社，2014.

[6] EUGENE I N，SERGEY M S. Electromagnetic fields and waves[M]. Berlin: Springer，2018.

[7] KARL F W. Numerical methods for engineering an introduction using MATLAB © and computational electromagnetics examples[M]. London:IET Digital Library，2020.

[8] JARRY P，BENEAT J N，雅里，等. 射频与微波电磁学[M]. 吴永乐，颜光友，刘元安，译. 北京:电子工业出版社，2016.

[9] 徐军. 微波通信专业学位综合实验[M]. 成都:电子科技大学出版社，2014.

[10] 赵东风，黎鹏. 微波系统实验教程[M]. 昆明:云南大学出版社，2010.